- 四川省 2021—2022 年度重点图书出版规划项目
- 四川出版发展公益基金会资助项目
- 中国会馆建筑遗产研究丛书

广东会馆

赵逵　邢寓◎著

西南交通大学出版社

·成都·

图书在版编目（CIP）数据

广东会馆 / 赵逵，邢寓著. -- 成都：西南交通大
学出版社，2024.6

ISBN 978-7-5643-9738-8

Ⅰ．①广⋯　Ⅱ．①赵⋯　②邢⋯　Ⅲ．①会馆公所-古
建筑-建筑艺术-研究-广东　Ⅳ．①TU-092.965

中国国家版本馆 CIP 数据核字（2024）第 008037 号

Guangdong Huiguan

广东会馆

赵　逵　邢　寓　著

策划编辑	赵玉婷
责任编辑	杨　勇
责任校对	左凌涛
封面设计	曹天擎

出版发行	西南交通大学出版社 （四川省成都市金牛区二环路北一段 111 号 西南交通大学创新大厦 21 楼）
邮政编码	610031
营销部电话	028-87600564　028-87600533
审图号	GS 川（2024）265 号
网址	https://www.xnjdcbs.com
印刷	四川玖艺呈现印刷有限公司

成品尺寸	170 mm×240 mm
印张	13.75
字数	190 千
版次	2025 年 1 月第 1 版
印次	2025 年 1 月第 1 次
定价	96.00 元
书号	ISBN 978-7-5643-9738-8

明清至民国，在中国大地甚至海外，建造了大量精美绝伦的会馆。中国会馆之美，不仅有雕梁画栋之美，而且有其背后关于历史、地理、人文、交通、移民构成的商业交流、文化交流的内在关联之美，这也是一种蕴藏在会馆美之中的神奇而有趣的美。明清会馆到明中晚期才开始出现，这个时候在史学界被认为是中国资本主义萌芽、真正的商业发展时期，到了民国，会馆就逐渐消亡了，所以我们现在看到的会馆都是晚清民国留下来的，现在各地驻京办事处、驻汉办事处，就带有一点过去会馆的性质。

会馆是由同类型的人在交流的过程当中修建的建筑：比如"江西填湖广、湖广填四川"大移民中修建的会馆，即"移民会馆"；比如去远方做生意的同类商人也会建"商人会馆"或"行业会馆"，像船帮会馆，就是船帮在长途航行时在其经常聚集的地方建造的祭拜行业保护神的会馆，而由于在不同流域有不同的保护神，所以船帮会馆也有很多名称，如水府庙、杨泗庙、王爷庙等。会馆的主要功能是有助于"某类人聚集在一起，对外展现实力，对内切磋技艺，联络感情"，它往往又以宫堂庙宇中神祇的名义出现。湖广人到外省建的会馆就叫禹王宫，江西人建万寿宫，福建人建天后宫，山陕人建关帝庙，等等。

很多人会问："会馆为什么在明清时候出现？到了民国的时候就慢慢地消失了？"其实在现代交通没有出现的时候，如没有大规模的人去外地，则零星的人就建不起会馆；而在交通非常通畅的时候，比如铁路出现以后，大规模的人远行又可以很快回来，会馆也没有存在的必要。只有当大规模人口流动出现，且流动时间很长，数个月、半年或更久才能来回一趟，则在外地的人就会有思乡之情，由此老乡之间的互相帮助才会显现，同行业的人跟其他行业争斗、分配利益，需要扎堆拧成绳的愿望才会更强。明清时期，在商业群体中，商业纷争很大程度上是通过会馆、公所来解决的，因此在业缘型聚落里，会馆起着管理社会秩序的重要作用。同时，会馆还会具备一些与个人日常生活相关的社会功能，比如：有的会馆有专门的丧房、停尸房，因过去客死外地的人都要把遗体运回故乡，所以会先把遗体寄存在其同乡会馆里，待条件具备的时候再运回故乡安葬；也有一些客死之人遗体无法回乡，便由其同乡会馆统一建造"义冢"，即同乡坟墓，这在福建会馆、广东会馆中尤为普遍。

会馆还有一个重要功能即"酬神娱人"，所有会馆都以同一个神的名义把这些人们聚集在一起。在古代，聚集这些人的活动主要是唱大戏，演戏的目的是酬神，同时用酬神的方式来娱乐众生。商人们为了表现自己的实力，在戏楼建设方面不遗余力，谁家唱的戏大、唱的戏多，谁就更有实力，更容易在商业竞争中胜出。所以戏楼在古代会馆中颇为重要，比如湖广会馆现在依然是北京一个很重要的交流、唱戏和吃饭的戏窝子。中国过去有三个很重要的戏楼会馆：北京的湖广会馆、天津的广东会馆、武汉的山陕会馆。京剧的创始人之一谭鑫培去北京的时候，主要就在北京的湖广会馆唱戏，孙中山还曾在这里演讲，国民党的成立大会就在这里召开。如今北京湖广会馆仍然保存下来一个20多米跨度的木结构大戏楼。这么大的跨度现在用钢筋混凝土也不容易建起来，在清中期做大跨度木结构就更难了。天津的广东会馆也有一个20多米大跨度的戏楼，近代革命家如孙中山、黄兴等，都曾选择这里做演讲，现在这里成为戏剧博物馆，每天仍有戏曲在上演。武汉的山陕会馆只剩下一张老照片，现在武汉园博园门口复建了一个山陕会馆，但跟当年山陕会馆的规模不可同日而语。《汉口竹枝词》对山陕会馆有这么一些描述："各帮台戏早标红，探戏闲人信息通"，意思是戏还没开始，各帮台戏就已经标红、已经满座了，而路上全是在互相打听那边的戏是什么样儿的人；"路上更逢烟桌子，但随他去不愁空"，即路上摆着供人喝茶、抽烟的桌子，人们坐在那儿聊天，因为人很多，所以不用担心人员流动会导致沿途摆的茶位放空。现今三大会馆的两个还在，只可惜汉口的山陕会馆已经消失了。

从会馆祭拜的神祇也能看出不同地域文化的特点。

湖广移民会馆叫"禹王宫"，为什么祭拜大禹？其实这跟中国在明清之际出现"江西填湖广，湖广填四川"的大移民活动有关，也跟当时湖广地区（湖南、湖北）的治水历史密切相关。"湖广"为"湖泽广大之地"，古代曾有"云梦泽"存在，湖南、湖北是在晚近的历史时段才慢慢分开。我们现今可以从古地图上看出古人的地理逻辑：所有流入洞庭湖或"云梦泽"的水所覆盖的地方就叫湖广省，所有流入鄱阳湖的水所覆盖的地方就叫江西省，所有流入四川盆地的水所覆盖的地方就叫四川省。湖广盆地的水可以通过许多源头、数千条河流进来，却只有一条河可以流出去，这条河就是长江。由于水利技术的发展，现在的长江全线都有高高的堤坝，形成固定的河道，而在没有建成堤坝的古代，一旦下起大雨来，我们不难想象湖广盆地成为泽国的样子。唐代诗人孟浩然写过一首诗《望洞庭湖赠张丞相》，对此做了非常形象的描绘："八月湖水平，涵虚混太清"——八月下起大雨的时候，所有的水都汇集到湖广盆地，形成了一片大的水泽，连河道都看不清了，陆地和河流混杂在一起，天地不分；"气蒸云梦泽，波撼岳阳城"——此时云梦泽的水汽蒸腾，凶猛的波涛似乎能撼动岳阳城，这也说明云梦泽和洞庭湖已连在了一起；"欲济无舟楫，端居耻圣明"——因为看不清河道，船只也没有了，做不了事情只能等待，内心感到一些惭愧；"坐观垂钓者，徒有羡鱼情"——坐观垂钓的人，羡慕他们能够钓到鱼。这首唐诗说明，到唐代时江汉平原、湖广盆地的云梦泽和洞庭湖仍能连成一片，这就阻碍了这一地区大规模的人口流动，会馆也就不会出现。而到了明清，治水能力有了大幅提升，水利设施建设不断完备，江、汉等河流体系得到比较有效的管理，使得湖广盆地不会再出现唐代那样的泽国情形，大量耕地被开垦出来，移民被吸引而来，城市群也发展起来，其中最具代表性的就是"因水而兴"的汉口。明朝时汉口还只是一个小镇，因为在当时汉口并不是汉水进入长江的唯一入江口。而到了清中晚期，大量历史地图显示，在汉水和长江上已经修建了许多堤坝和闸口，它们使得一些小河中的水不能自由进入汉水和长江里。当涨水时，水闸要放下来，让长江、汉水形成悬河。久而久之，这些闸口就把这些小河进入长江和汉水的河道堵住了，航路也被切断，汉口成了我们今天能看到的汉水唯一的入江口，从而成为中部水运交通最发达的城市。由于深得水利之惠，湖广移民在外地建造的会馆就祭拜治水有功的大禹，会馆的名字就叫"禹王宫"，在重庆的湖广会馆禹王宫现在还是移民博物馆。同样，"湖广填四川"后的四川会馆也祭拜治水有功的李冰父子。

　　福建会馆为什么叫"天后宫"？福建会馆是所有会馆中在海外留存最多的，国外有华人聚集的地方一般就有天后宫，尤其在东南亚国家更是多不胜数。祭拜天后主要是因为福建是一个海洋性的省，省内所有河流都发源于省内的山脉，并从自己的地界流到大海里面。要知道天后也就是妈祖，是传说中掌管海上航运的女神。天后原名林默娘，被一次又一次册封，最后成了天妃、天后。天后出生于莆田的湄洲岛，全世界的华人特别是东南亚华人，在每年天后的祭日时就会到湄洲岛祭拜。在莆田甚至还有一个林默娘的父母殿。福建会馆的格局除了传统的山门戏台，还在后面设有专门的寝殿、梳妆楼，甚至父母殿，显示出女神祭拜独有的特征。另外在建筑立面上可以看到花花绿绿的剪瓷和飞檐翘角，无不体现出女神建筑的感觉。包括四爪盘龙柱也可以用在女神祭拜上，而祭男神则是不可能做盘龙柱的。最特别的是湖南芷江天后宫，芷江现在的知名度不高，但以前却是汉人进入西部土家族、苗族聚居区一个很重要的地方。芷江天后宫的石雕十分精美，在山门两侧有武汉三镇和洛阳桥的石雕图案。现在的当地居民都已不知道这里为何会出现这样的石雕图案。武汉三镇石雕图案真实反映了汉口、黄鹤楼、南岸嘴等武汉风物，能跟清代武汉三镇的地图对应起来。洛阳桥位于泉州，泉州又是海上丝绸之路的出发点。当时福建的商人正是从泉州洛阳桥出发，然后从长江口进入洞庭湖，再由洞庭湖的水系进入湖南湘西。这就可以解释为什么芷江的天后宫有武汉三镇和洛阳桥的石雕图案，它们从侧面反映出芷江以前是商业兴旺、各地人口汇聚的区域中心。根据以上可以看出，福建天后宫分布最广的地段一个是海岸线沿线地区，另一个是长江及其支流沿线地区。

总的来说，从不同省的会馆特点以及祭拜的神祇就可以看出该地区的历史文化、山川河流以及古代交通状况。

中国最华丽的会馆类型是山陕会馆。中国历史上有"十大商帮"的说法，其中哪个商帮的经济实力最强见仁见智，但就现存会馆建筑来看，由山陕商帮建造的山陕会馆无疑最为华丽，反映出山陕商帮的经济实力超群。为什么山陕商帮有如此超群的经济实力？山陕商帮的会馆有个共同的名字：关帝庙，即祭拜关羽的地方。很多人说是因为关羽讲义气，山陕商人做生意也注重讲义气，所以才选择祭拜他。但讲义气的神灵也很多，山陕商人单单选关羽来祭拜还有更深层的含义。山陕商人是因为开中制才真正发家的。开中制是明清政府实行的以盐为中介，招募商人输纳军粮、马匹等物资的制度。其中盐是最重要的因素，以盐中茶、以盐中铁、以盐中布、以盐中马，所有东西都是以盐来置换。盐是一种很独特的商品，人离不开盐，如果长期不吃盐的话人就会有生命危险。但盐的产地是很有限的，大多是海边，除了边疆，内地特别是中原地区只有山西运城解州的盐湖，这里生产的食盐主要供应山西、陕西、河南居民食用，也是北宋及以前历代皇家盐场所在。关羽的老家就在这个盐湖边上，其生平事迹和民间传说都与盐有关。所以，山陕商人祭拜关羽一是因为他讲义气，二是因为关羽象征着运城盐湖。山陕会馆的标配是大门口的两根大铁旗杆子，这与山西太原铁是当时最好的铁有关，唐诗"并刀如水"形容的就是太原铁做的刀，而山西潞泽商帮也是因运铁而出名的商帮。古代曾实行"盐铁专卖"，这两大利润最高的商品都跟山陕商帮有关，所以他们积累下巨额财富，而这些在山陕会馆的建筑上也都有体现。

会馆这种独特的建筑类型，不仅是中国古代优秀传统建造技艺的结晶，更是历史的见证。它记录了明清时期中国城市商业的繁荣、地域经济的兴衰、交通格局的变化以及文化交流的加强过程。我们不能仅从现代的视角去看待这些历史建筑，而应该置身于古代的地理环境和人文背景下，理解古人的行为和思想。对会馆的深入研究可能会给明清建筑风格衍化、传统技艺传承机制、古代乡村社会治理方式等的研究，提供新视角。

2024 年 6 月写于赵迭工作室

前言

粤商即广东商人，按照商人的地域来源，其主要由广州帮商人、潮州帮商人和客家商人三部分组成。粤商崛起于明清时期，由于广东背山临海的独特地理位置，相对发达的商品经济，再加上较早与西方人接触，粤商与其他商帮有着很大的不同。按照从事的行业种类，粤商可以分为从事海外贸易的海商、从事中外贸易的行商（包括贡舶、市舶贸易的牙行商人，十三行行商以及买办商人）和国内长途贩运批发商三类。粤商的商业活动范围相当广阔，足迹遍及广东省和全国其他地区，乃至海外多个大洲[①]。在本书的研究中，粤商是一个相对广义的概念，也是广东籍商人的统称。

---

① 陈梅龙，沈月红.宁波商帮与晋商、徽商、粤商比较析论[J].宁波大学学报（人文科学版），2007，20（5）：35-42.

如上所述，按照地域来源分类，粤商文化主要由广府文化、潮汕文化和客家文化三大部分组成。而从建筑历史与文化的角度来看，粤商文化包括物质文化和精神文化。粤商物质文化的主要代表为具有典型建筑特色的会馆建筑实体，其不仅表现在建筑整体的空间层次和布局特征上，还包括其建筑与构造、装饰与细部，可以说就是会馆建筑实体所蕴含的建筑风格与风貌。粤商精神文化既包括粤商在经商和移民过程中所展现出来的敢为人先的商业经营理念、淡定自若的为人处世态度，也包括以会馆为阵地举行的各种祭祀礼仪活动、民俗文化活动，还包括在会馆建筑内供奉的故土神灵以及共同信奉的神祇信仰。

广义上说，会馆是一种客居和流寓外乡的官吏、商人和迁徙的移民群体为共同利益需要而建立的，以地域同乡为纽带的民间组织[①]。从建筑学的角度看，会馆就是指这种民间组织建立的，用于其活动场所的建筑实体。顾名思义，广东会馆是指由广东人（主要为广东籍商人，还有移民）建立的这种会馆建筑。本书所研究的广东会馆既包括广东商人在广东以外的省份、地区建立的会馆，也包括在广东省内除了自己家乡以外的市、县建立的会馆。以上两部分都属于本书所要研究的对象。广东会馆的产生、分类、分布与粤商的崛起、发展、传播路线是紧密相关的。

本书选取粤商文化的传播路线为视角，对不同子类别的广东会馆进行分类研究。粤商文化的传播范围很广，广东会馆遍布中国大部分地区，尤其是两广、川渝、京津、东南沿海地区的广东会馆分布密度最大，带有明显的地域分布特征。其中那些现存较好的，特别是被评为各级重点文物保

---

① 党一鸣.移民文化视野下禹王宫与潮广会馆的传承演变[D].武汉：华中科技大学，2018：6.

护单位的广东会馆建筑，是本书重点研究的对象。限于实际的研究精力和调研难度等问题，本书研究不包含我国港澳台地区以及海外的东南亚、北美等地区的粤商文化和广东会馆相关内容。

本书将广东会馆研究的时间范围界定为"明清时期"，主要有两点原因。一是中国传统会馆建筑一般被认为是产生于明朝，崛起和兴盛于清朝。二是从各种历史文献资料记录中可以看出，在明清时期，由于粤商的崛起和快速发展，广东会馆在全国范围内广泛地建立，并逐渐形成相对稳定的建筑形态。因此要想全面地研究广东会馆建筑，就必须将视野投入在明清时期这一时间范畴内。

对于广东会馆的研究，多位学者专家从各自研究领域出发，发表了对广东会馆的诸多见解。本书在既有学术成果和实地考察的基础上，思考粤商文化传播和广东会馆之间的种种联系，从粤商文化传播的独特视角出发，对广东会馆进行全面系统的归纳研究，对不同子分类的广东会馆建筑之间进行比较研究。

广东会馆建筑是承载粤商文化的实体容器，广东会馆的广泛分布代表了传统建筑技术和建筑艺术的传播，也是粤商文化传播路线的印证，更是明清时期我国社会人口大迁徙、商品交换大繁荣过程的生动见证。

第一章
广东会馆的
产生与分类

第一节　粤商发展的历史背景

粤商的起源能够追溯到秦汉时期。早在汉代，广东地区就与内陆有着贸易往来。桓宽的《盐铁论》中就有关于内陆商人运蜀郡的货物到南海交换珠玑等商品的记载①。从那时起，至隋唐，再到宋元时期，随着穿越南岭的各条南北通道被陆续发现和开凿，以及大航海技术的发展进步，广东地区的对外贸易以及粤商都进入了快速发展期。

粤商在明清时期持续兴盛，这主要得益于山水地理、海陆变迁和地缘政治三个因素。凭借着广东地区背南岭、拥珠江、面南海的地理位置条件，再加上广州城和大湾区海陆地理条件的变迁，以及"一口通商"政策下广州的稳定发展，粤商在广东地区持续兴盛，商品贸易经济持续繁荣发展，在全国各大商帮中较早地与外国商人进行贸易往来。这些都使得粤商有着与中国其他商帮非常不同的鲜明特点。

粤商主要由广州商人、潮州商人和客家商人所组成，他们的商业活动足迹相当广阔，遍及两广地区和全国大部分区域，海外多地也在其商业贸易的版图里。按照商业活动的范围区域可将粤商分为三类：主要从事海外贸易的海商，从事中外之间贸易的行商（牙行商人、十三行行商和买办商人等）和国内中长途贩运批发商。

一、山水地理因素——广东背南岭、拥珠江、面南海的地理位置条件

广东位于中国大陆最南部，背靠北边的南岭，境内坐拥珠江，南面是漫长的海岸线，敞开面对祖国的南海。整体地势为北边高，并逐渐向南部沿海地区降低。从秦汉早期开始，"南岭"一词是对湘桂赣粤相连片区群山的总称。其中"五岭"是南岭里的代表性山脉，分别为越城岭、都庞岭、

---

① 王琛. 明清时期陕商与粤商的比较及其现代启示[D]. 西安：西北大学，2008：8.

萌渚岭、骑田岭和大庾岭，后来以之泛称其所在的南岭。南岭是长江水系与珠江水系的分水岭。珠江水系横贯广东地区，珠江水系的主要三条河流——西江、北江和东江可以构成一个遍布广东大部分地区的水路运输体系，这在以河流运输为主的古代，是一个非常适合地区发展的基础交通条件（图1-1）。

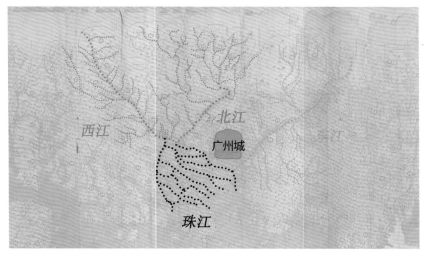

图 1-1　历史地图中的广东水路运输体系示意图
（基于《1812 年广东通省水道图》改绘）

从地理位置上看，广东属于岭南地区，处于中国的南方边缘地带。在以农业生产、陆路交通为主的长期历史发展中，岭南并不具备中原地区优越的生产和生活条件。然而，正因为岭南地区远离中原且条件恶劣，才不会受到封建王朝的特别重视，管控也不严，反而成为中原移民远涉求生的地区。并且广东北部虽然有南岭的阻隔，山川险峻，水路不通，但是大自然的无心馈赠和拥有智慧的古人还是在这茫茫山脉之中寻找和开辟出了数条穿越南岭的陆路通道。比较重要的有梅关古道、乌迳古道、西京古道、湘桂走廊和潇贺古道等。这五条主要的古通道跨越了南岭山脉的阻隔，连通了珠江水系与长江水系，为古代中国岭南与中原地区之间的经济文化交流发挥了至关重要的作用。沿着这些通道，很多中原移民就源源不断地来到岭南，开垦广东，使得广东成为吸收和融合不同文化元素的多元化地区（图1-2）。

综上所述，有了可以穿越南岭、从中原而来源源不断的移民，还有境内发达便捷的内河运输体系，再加上广东地区南临沿海地带、海岸线漫长，便于对外进行文化交流与贸易往来，这三个因素的叠加综合，促使广东社会经济文化的发展与兴盛成为一种必然的历史趋势。

图 1-2　穿越南岭的五条古通道路线图

二、海陆变迁因素——广州城及大湾区海陆地理条件的变迁

珠江水系入海的珠江口，就是现在粤港澳大湾区的位置。珠江口和大湾区的形态在数千年间并不是一成不变的，而是随着珠江水系带来的泥沙沉积而不断发生着变化。尤其是毗邻珠江口的广州城，其城市形态发生的演变更为显著。这种沧海桑田的演变，也发生在长江和黄河的入海口附近。

从一系列的历史图中，可以窥见这种海陆地理条件的变迁（图1-3）。早期的大湾区可以说是一片很大的内海湾，广州城直接面朝海洋，而不是珠江。随着珠江内河裹挟而来的泥沙沉积，大湾区内海湾里开始逐渐堆积形成众多沙岛，内海湾的面积大幅度减少。而当今内海湾的沙岛已经连成了陆地，广州城也不再是临海城市，而变成了内河城市。并且从图1-3（c）中可以看出，广州城后来形成了两圈城墙，靠南面的城墙很有可能就是在泥沙堆积之后所形成的。

透过历史图所反映的规律，也可以分析出后来明清海禁时期，朝廷选择广州作为唯一通商口岸的大致原因，因为葫芦形的内海湾非常适合往来贸易的大型商船停靠。正是由于广州在明清时期处于大湾区登临内陆地区的交汇点，才会被赋予这样的历史重任。如果时间长轴推移几百年，明清

（a）1710年清代地图中的广州

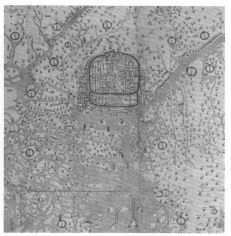

（b）《1812年广东通省水道图》（一）

（c）《1812年广东通省水道图》（二）

（d）《1874年增补清国舆地全图》中的广州

 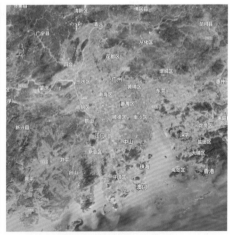

（e）1947年地图中的广州　　　　　　　（f）现在的广州

图1-3　广州城海陆地理条件的变迁

时期的广州是当今这样的地貌，那它未必会被选作一口通商的口岸。后来唯一通商的广州，不仅改变了中国内陆南北水运交通的格局，也为沿海开埠等历史事件埋下伏笔。

三、地缘政治因素——粤商在广州"一口通商"政策下的持续兴盛

汉代时，广州成为中国最大的外贸港口之一。《汉书·地理志》中记载汉朝使者携带大量的黄金丝织品从番禺（今广州）起航，出珠江口，沿着南海北岸西行，经徐闻、合浦南下，过马六甲海峡，进印度洋、印度半岛南部海域，到达斯里兰卡，这是中国现知最为古老的一条海上丝绸之路航线。两晋、南北朝时期，由于政权的更迭，陆上丝绸之路经常停闭，晋朝政府重视海上对外贸易，由广州出发的"海上丝绸之路"成为中西方贸易的主要途径。唐宋时期，广州是世界性海洋贸易圈东方的中心，保持着极其繁盛的格局，神宗熙宁年间（1068—1077年）已是"城外蕃汉数万家"。元代的广州仍然是闻名世界的国际大港口，以广州为起点的海上丝绸之路

已远达欧洲、非洲。明朝建立后，朝廷只准与有朝贡关系的国家开展"朝贡贸易"，而且是"时禁时开，以禁为主"，严禁商人出海贸易。明永乐四年（1406年）朝廷在泉州设来远驿、宁波设安远驿、广州设怀远驿［图1-4（a）］。嘉靖二年（1523年）朝廷取消了泉州、宁波的市舶司，只留下广州市舶司，几乎所有国家和地区的"番货皆由广入贡，因而贸易，互为市利焉"。广州成为当时中国对外贸易的中心。①

清朝统一台湾，平定三藩之乱后，康熙二十三年（1684年）停止禁海，1685年清政府设立粤、江、浙、闽四个海关，负责管理对外贸易和征收关税。乾隆二十二年（1757年）清政府封闭江、浙、闽三个海关，规定"番商将来只许在广东收泊贸易"。也是从这一年开始，广州十三行开始成为清政府指定的全国唯一专营对外贸易的"半官半商"垄断机构，史称"一口通商"。至1842年中英签订《南京条约》时止，广州独揽中国外贸长达85年。在此之后，国内多个沿海城市作为通商港口，但是广州商业文化的开放地位仍然突出，成为外国经济贸易、文化信息传入中国的桥头堡和交汇点②［图1-4（b）］。一口通商使广州和粤商获得了得天独厚的机遇和持续稳定的发展。

（a）广州怀远驿历史样貌

① 相关信息主要参考广州锦纶会馆内有关广州贸易历史的展览资料。

② 谭建光. 粤商发展历史简论[J]. 广东商学院学报，2007（6）：42-45.

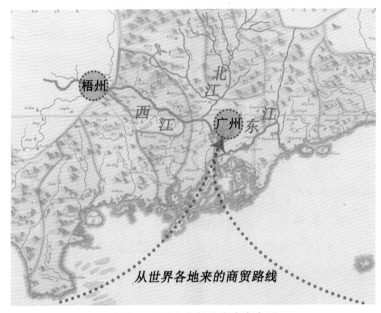

（b）　外国人绘制的广东商贸图

图 1-4　历史上的怀远驿和广东商贸图

第二节　广东会馆的兴起与发展

一、广东会馆的兴起

随着经营活动的不断发展，粤商开始在全国范围内进行流动，并持续扩大其经商的地域范围，随之带来的就是广东会馆的兴起。广东会馆是指广东籍商人在异地建立的会馆组织，既包括在广东省内除了自己家乡以外的市和县建立的会馆，也包括广东商人在广东以外的省份和地区建立的会馆。

最初，伴随着粤商经营活动的展开，广东会馆作为在异地经营商业的重要活动场所，被粤商逐渐建立起来。于是起初的广东会馆通常为纯粹的商业会馆性质。

例如始建于清雍正元年（1723年）的广州锦纶会馆（图1-5），是清代广州丝织行业行会的所在地，保留至今。明清以来，以广州为中心的丝绸对外贸易空前繁荣，成为最大宗的商品之一，当时出口到世界各地的丝织商品除了来自江南一带，还有产自以广州为中心的珠三角地区。锦纶会馆作为清代广州丝织行业商人议事和活动的场所，不仅是粤商与广东会馆之间的直接联系，也是广州丝织行业发展的历史见证。

图1-5　广州锦纶会馆头门正立面

再比如与广东接壤的广西梧州，是桂江和浔江汇合成西江的交汇点，不仅是明清时期广西与广东交流的总出入口，也是当时两广贸易的中转站和集散地。历史古籍中也有关于梧州重要地理位置的描述："梧州粤西一大都会也，居五岭之中，开八桂之户，三江襟带、众水湾环，百粤咽喉，通衢四达，间气凝结，人物繁兴，形胜甲于他郡。"[①]这也使得梧州成为粤商重要的经营地和深入广西内陆继续拓展分散的桥头堡（图1-6）。

① 故宫博物院. 故宫珍本丛刊-广西府州县志-梧州府志[M]. 海口：海南出版社，2001：6.

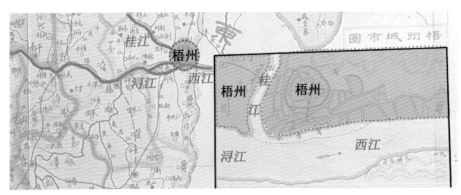

图 1-6　历史地图中的梧州区位及城市形态
（基于清中期《广西明细地图》改绘）

粤商于清康熙五十三年（1714 年）在现今的梧州龙圩区（古称戎墟）建立了粤东会馆，乾隆五十三年（1788 年）重建（图 1-7）。会馆内保存完好的《重建粤东会馆题名碑记》中就明确记录了粤商来到此地经商以及建立这座会馆的情景（图 1-8）。碑记中说戎墟"上接两江，一自南宁而下，一自柳州而下，皆会于戎，水至此流而不驶，故为货贿之所聚焉。吾东人

图 1-7　梧州粤东会馆头门正立面

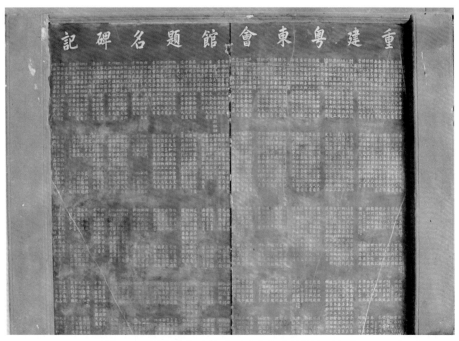

图 1-8　梧州粤东会馆《重建粤东会馆题名碑记》

货于是者，禅镇扬帆，往返才数日。……故客于戎者，四方接糊，而莫盛于广人。凡两粤相资，此为重地"。由此可见粤商在当时梧州的商品贸易中占有非常重要的地位，并因此建立了这座粤东会馆，来更加便利自己的贸易经营。

二、广东会馆的发展与流变

商品经济的发展，自然就带动了广东当地文化的繁荣，粤商开始兴学重教，希望通过读书应试、考取功名来改变自己和宗族的社会地位。在明清时期的北京，各省商人和相关人士修建了以省籍为区分的各类试子会馆，通过收取一定的费用，为来自家乡、前来进京赶考的学子们提供住宿和休息的场所。其中，粤商在北京就兴建了很多试子会馆。历史文献显示，光绪年间，北京的广东会馆共计 34 所。

明清时期，广东的社会经济得到了迅猛的发展，但珠江三角洲的耕地面积较少，现有的自然地理环境承载不了日益增长的人口，再加上粤商商帮的商品贸易活动不断繁盛，也需要开拓更广阔的消费市场。两方面的因素，促使广东商民在这一时期持续不断地走出广东，去更广阔的地域范围求生存和发展。移民迁徙在明清时期的广东成为一种流行的社会风气。从广东出发经两湖地区向川渝黔地区的移民就是当时众多移民路线中的重要一支。于是移民性质的广东会馆在这一时期大量建立和发展。如《南溪县志》中就有记载："南华宫始建于清乾隆二十四年（1759 年），位于南溪县寿华街 10 号。"[①]此类记载在四川各地方志中还可以找到很多。

所以从会馆建立的背景、动机和性质上看，广东会馆可以被分为工商会馆、试子会馆和移民会馆三类[②]。但是这三种分类通常都会互有交叉，例如北京的广东试子会馆，除了向住宿的同乡考生收取一定的费用之外，还会将会馆中的一些房产定期出租，并且不断地购入新的房屋，这些都带有明显的商业性质取向。还比如外省的一些广东会馆，起初是由于移民聚集而兴建的，但是随着移民数量的增多，当地的广东人也要开始进行商品贸易的经营，于是移民性质的广东会馆也开始发挥工商会馆的功能与作用。

所以完全按照工商、试子和移民的性质来对广东会馆进行区分是不能做到清晰和准确的。从建筑历史学的角度，对全国范围内的广东会馆进行总结整理，可以发现，粤商文化主要的几条迁移路线分别会对应到最终粤商落脚的几个大的区域，这也是历史上广东会馆分布最为集中的几大地理区域。并且可以注意到，这些主要路线不是短暂形成的，而是在数百年间，粤商源源不断地迁徙所逐渐形成的一些持续稳定的迁徙通道。在这些通道上，不仅有人口的流动与商品贸易的往来，还有以独具风格的建筑为代表的粤商物质文化和以神祈信仰为代表的粤商精神文化的输入，这些可以归纳为粤商文化势能的传播。每一条迁移路线对应着一个子类别粤商文化的

---

① 四川省南溪县志编纂委员会. 南溪县志[M]. 成都：四川人民出版社，1992：607.

② 刘正刚. 广东会馆论稿[M]. 上海：上海古籍出版社，2006：10.

传播路径，其导致最终输入地的广东会馆风格和类型也有所区别，这样也就产生了不同子类别的广东会馆建筑特色。

综上，本章节（同时也是本书）的核心观点就是通过找到粤商文化的传播迁徙路线与广东会馆的子分类之间的映射关系，来建立广东会馆建筑在全国范围内一个分类与分布的研究体系，以求对广东会馆的建筑特色和形式风格等进行全面深入的比较分析研究。

第三节　广东会馆的分类

广东会馆的子分类数量特别多，且直接反映在命名上，这是与其他类同乡会馆最大的不同之处。从各种历史文献资料以及实地考察来看，粤商往往不多用"广东会馆"来直接命名自己建立的会馆，而是采用更加细分的地域名称（往往是家乡）来进行命名。从所列出的现存 15 种广东会馆的主要分类来看（图 1-9），有最大地理范围的"广东会馆"、"广东馆"和"粤东会馆"，也有略小范围的"广州会馆"、"潮州八邑会馆"、"灵洲会馆"、"潮州会馆"等，还有直接体现经营丝绸业特点的"锦纶会馆"，也有以神祇信仰直接来命名的"南华宫"。

纵观这些不同的分类和命名，可以初步看出，明清时期的粤商，得益于广东在山水地理、海陆变迁以及地缘政治等因素的长期影响下的蓬勃发展，在全国大部分地区快速崛起，拓展自己的商业经营范围，在异乡经商和生活定居的过程中，形成众多的分支，从而建立起名称各异的会馆。

随着研究的深入，还可以发现，广东会馆不同的子分类及其命名也与粤商特定的经商区域以及传播路线有着千丝万缕的联系。例如，根据目前掌握的资料，粤东会馆只出现在广西地区，绝大多数的南华宫都分布在川渝地区。其他传播路线沿线的广东会馆的命名及分类也呈现出一定的规律和特征。这在第二章中会详细介绍。

（a）广东会馆（天津）

（b）粤东会馆（广西百色）

（c）广州会馆（广西钦州）

（d）灵洲会馆（广西百色）

（e）锦纶会馆（广东广州）

（f）潮州八邑会馆（广东广州）

（o）嘉应会馆（江苏苏州）

图 1-9　广东会馆的主要分类

第四节　广东会馆的神祇信仰

广东会馆建筑不仅是粤商日常生活和经商办公的实体功能空间，还是承载粤商共同神祇信仰的礼仪精神空间。广东会馆的神祇信仰具有同一性、地域性和多神性三大特征。例如全国大部分的广东会馆内都供奉"武财神"——关公（图 1-10）。还比如明清时期沿海运北上的粤商中很大一部分是潮州商人，潮州紧挨着福建，其民间也非常信仰天后妈祖，于是在沿海东部地区的很多广东会馆中，都供奉着天后妈祖像（图 1-11）。这都是广东会馆神祇信仰同一性的体现。其地域性主要表现在川渝地区，在川渝地区的广东会馆大多用"南华宫"命名，之所以用"南华宫"来命名，是因为"南华宫以南华山得名、六祖慧能之道场也"。南华宫大多修建于清代的雍正、乾隆年间，并且会馆的建立是逐步进行的，广东的商民不断迁徙到川渝地

图 1-10　百色粤东会馆的关公像

图 1-11　梧州粤东会馆的天后妈祖像

区，原先的会馆组织已不能满足人口增长的需要，只有重新修建会馆。绝大多数南华宫祭祀的都是"六祖慧能"。粤商及广东移民供奉六祖慧能像，且以南华宫作为会馆的名称，正说明是以家乡先贤为纽带来联络乡情，加强自身的凝聚力。在广东会馆建筑内，其神祇信仰还具有多神性的特征，即一座广东会馆建筑内供奉不止一个神灵。例如广西梧州粤东会馆，其中厅为武圣殿，祭祀关羽，后座为天后宫，奉祀妈祖。这样多神共祭的特征在广东会馆中也比较常见，这与单一神灵祭祀的其他传统会馆较为不同。例如福建会馆内通常只祭祀天后，山陕会馆内一般都是信仰关帝。

第二章 广东会馆的传播与分布

第一节 粤商文化的主要传播路线

结合历史文献资料和前人学者的既往研究成果，可以总结出粤商文化主要的五条迁徙传播路线（图2-1）：在广东省内以沿海和珠江水运体系为主路线；通过西江水运体系迁徙到广西；沿着南北中综合迁徙通道到达川

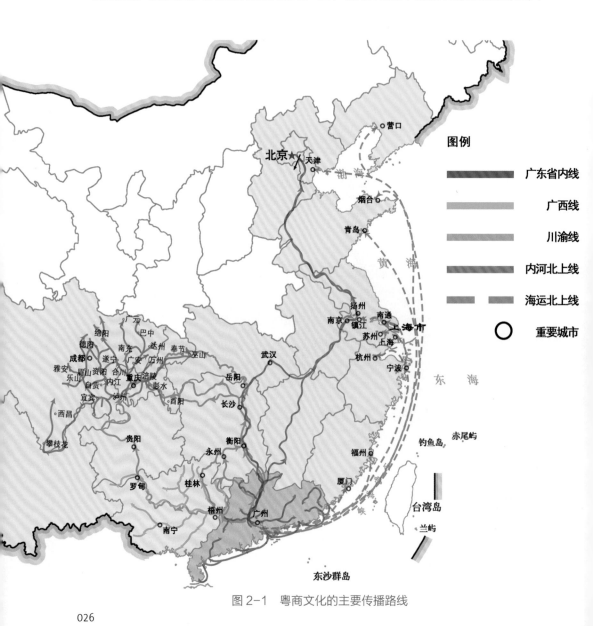

图 2-1 粤商文化的主要传播路线

渝地区；以内河北上线到达的内陆地区；以海上路线到达东部沿海的浙江、江苏、上海、山东、京津地区。

在这五大主要迁徙路线的影响下，又会形成五种不同子分类的广东会馆体系：在广东省内是以广州会馆、潮州会馆、嘉应会馆这样的以广东一些具体地名来命名的广东会馆；在广西地区是以粤东会馆为主；在川渝地区是以南华宫为主；在内河沿线地区是以广东会馆、广州会馆为主；在东部沿海地区是以潮州会馆、广东会馆、两广会馆为主。这五大类以外，广东会馆在随着粤商文化的传播过程中，演变出其他的建筑类型，例如粤商兴建带有教育功能的粤商书院，以及在两广地区西江流域沿线分布的带有祈福和祭祀性质的护龙庙等，这些都可以归纳到广东会馆的演变子分类"X"里。由于粤商书院、护龙庙等建筑的主体功能和典型的广东会馆之间已产生了本质上的差别，因此在本研究中并未将这一类建筑划分到广东会馆的定义范围内，只是作为广东会馆演变出的其他一类建筑进行比较研究。这里需要特别说明的是，每一条迁徙路线对应的地域范围内，并不是只有这一子类别的广东会馆，而是这一子类别的数量占据着这一地域范围内所有广东会馆数量的主体。

综上，根据粤商文化的迁移路线这一线索，可以将全国范围内的广东会馆重新定义和归纳成"5+X"的分类体系（图2-2）。

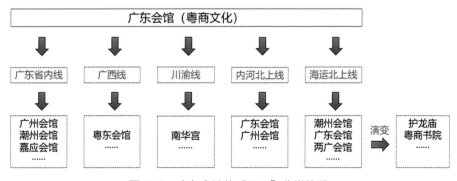

图2-2 广东会馆的"5+X"分类体系

一、以沿海和珠江水运体系为主路线的广东地区

在明清时期，现如今隶属广西的北海、钦州等北部湾沿海地区都属于广东的行政管辖范围，当时从西边的廉州、雷州府，到最东边的潮州府，广东拥有面朝南海的漫长海岸线。借助海上运输的便利条件，广东沿海地区的人员流动十分频繁，贸易往来也非常繁盛，成为当时粤商主要的经营活动范围。

除了优越的沿海地理条件，广东内陆的大部分地区还有着纵横的内河流域体系。珠江流域横贯广东，不仅是广东水路交通往来的大动脉，更是流域沿线文化迁移的最佳载体。珠江流域的三大河流分别为西江、北江和东江，其中通过北江和东江，粤商可以顺利到达粤北及粤东北地区。通过西江，可以快速抵达粤西地区，并且还能继续前往广西。明中期以后，随着广东商品贸易的快速发展，粤商开始逐渐深入广东腹地经商，于是沿着北江、东江和西江的广东内陆地区也开始逐渐发展和兴盛起来（图2-3）。

因此，明清时期的粤商文化在广东省内的传播，就是沿海岸线的海上运输和以珠江水运体系为主的河流运输相结合的路线（图2-4）。

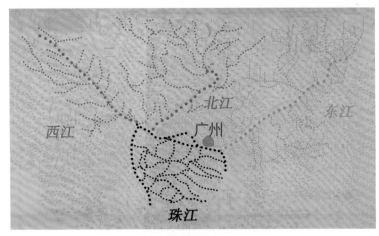

图 2-3 历史地图中的广东珠江水运体系
（基于《1840 年广东通省水道图》改绘）

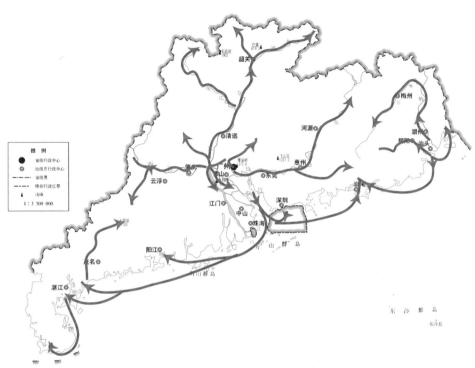

图 2-4　粤商文化在广东境内的迁徙路线图

　　除了沿海和珠江水运体系，粤东和粤西还有自成体系的河流运输系统
（图 2-4）。粤商在粤东的揭阳—汕头区域以榕江为主要传播路线，而在梅
州—潮州—汕头区域则以梅江—韩江为主要路线。梅江和东江支流之一的
西枝江相近而不相连，因此东江—珠江和梅江—韩江便形成了两个独立的
河流体系，也让榕江、梅江—韩江在靠近福建的粤东地区形成了独具特色
的潮汕文化圈。而在粤西，鉴江由茂名入海，漠阳江在阳江市附近注入南海，
这两条河流都属于广东地区的沿海河系。

二、以西江水运体系为主路线的广西地区

　　在珠江水运体系中最重要的就是西江，西江全长 2 214 千米，是华南地
区最长的河流，为中国第四大河流，也是珠江水系中最长的河流。西江水

系的干流在广西不同的区域都有着不同的名称。西江水系的正源为南盘江，其发源于云南乌蒙山附近，向南流，转而折向东北，成为贵州与广西的界河，其支流北盘江汇入后称为红水河。红水河与柳江相汇后称黔江，黔江至桂平附近接纳支流郁江后称为浔江。浔江继续东流到梧州附近，与桂江汇合后才正式称为西江，再浩浩荡荡进入广东，成为珠江的一部分。在出广西不久，西江又接纳一条流经贺州市的贺江。西江的干流和几条主要的支流几乎横贯了广西全境。例如流经百色和南宁的左江—右江—邕江—郁江，流经桂北河池和柳州的融江—柳江—黔江，还有通往湖南及中原地区的漓江—桂江，最终都汇集在梧州，并继续向东流往广东。明清时期的粤商，就不断以梧州为进入广西的起点，顺着横贯广西的西江流域所织就的黄金水运体系网，通达广西的各个角落（图2-5）。

　　粤商迁徙路线图如图2-6。其中西江的支流中，郁江最长，全长1 179千米。郁江的上游为左江和右江，以右江为正源。自左、右江的汇合点三

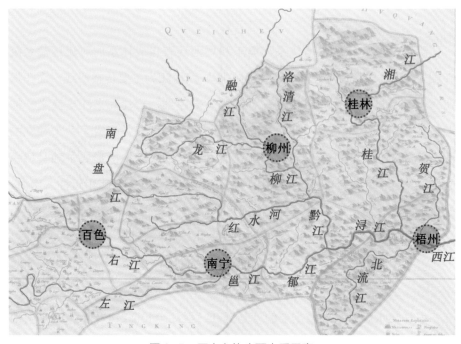

图2-5　历史上的广西水系示意

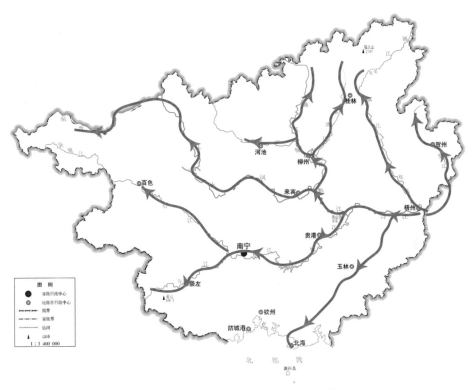

图 2-6　粤商文化在广西境内的迁徙路线图

江口（图 2-7）到横县这一段，全长 210 千米，称为邕江（"邕"也是广西壮族自治区首府南宁市的别称）。邕江继续向东，流经广西首府南宁市至横县，横县以下才被称为郁江。郁江转向东北，流至桂平，再注入西江的干流——黔江。而西江的支流中最出名的当属因桂林山水而闻名天下的漓江。漓江是桂江的上游一段，在桂林境内称为漓江，漓江的上游大溶江与湘江的源头海洋河通过灵渠相连系，不仅构成了对我国南北交往与发展具有重大作用的"湘桂走廊"，还直接将长江（湘江）与珠江（西江）两大水系连接起来。发源于玉林的北流江，向北流至梧州市藤县，汇入浔江。而同样发源于玉林的南流江，是广西独流入海的最大河流。两条江在玉林通过陆路官道实现互联互通，所构成的交通运输体系是古代南方海上丝绸之路的重要出海通道（图 2-8）。

图 2-7　广西南宁市三江口——左江与右江的汇合点

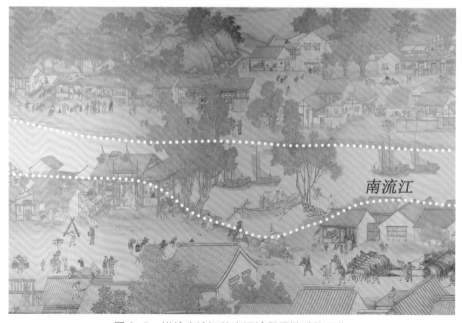

图 2-8　描绘南流江往来运输贸易繁盛的画作

三、以南中北综合迁徙通道到达的川渝地区

1. 粤商文化迁移传播到川渝地区的路线：南中北综合迁徙通道

通过整理和归纳，明清时期粤商文化从广东迁移传播到川渝地区的路线可以分为主要的南、中、北三条（图2-9）。南线主要是途经广西和贵州进入川渝；中线是一条综合路线，经过广西、湖南和贵州；北线主要是借由湖南和湖北进入川渝。这三条路线基本都是以水路为主，陆路为辅的综合通道。

图 2-9　粤商文化迁移传播到川渝地区的路线图

南线从广东出发，沿着西江的正源，从梧州开始，依次经过浔江、黔江、红水河，在红水河畔广西与贵州交界处的罗甸，转陆路，可沿着一条山谷间的平坦道路到达贵阳，再沿着鸭池河、六冲河，转到赤水河，顺流而下，在泸州市合江县进入长江，进而抵达川渝地区。

中线本身就是一条综合性的路线。首先是要从广东出发，翻越南岭。如前文所述，有几条古道可以穿越南岭，所以中线在这里有四条路线，分别是北江—耒水—衡阳，连江—潇水—永州，西江—贺江—潇水—永州，西江—桂江—漓江—湘江—永州。到达衡阳后，顺着湘江抵达洞庭湖，再沿着沅江—酉水或是澧水，到达湘黔渝交界地带，再走陆路可转到乌江流域，在重庆涪陵进入长江，进而逆流而上或溯源而下。

北线的大致方向是先往北再往西，沿着北江—耒水—湘江，到达洞庭湖，在岳阳打了个接近90度的弯，转向西，逆长江而上，穿过荆楚大地，途经荆州、宜昌，历经三峡天险后，到达奉节、云阳等地，再向西深入川渝各地。

在明清时期，粤商通过上述的南中北综合迁徙通道源源不断地前往川渝地区，开始新的生活，并从事商品贸易等活动。据推算，清代在四川各地定居的粤商、移民及其后裔人数至少数百万，差不多分布于四川的每一个州县。

2. 粤商文化在川渝地区内的传播路线

粤商在到达川渝地区之后，继续在川渝境内迁徙传播。数百年间，在以四川盆地为主的这一片区域持续进行着迁徙运动。而进行迁徙传播的路线就是沿着川渝地区主要的一些水系通道以及四川盆地较为平坦的陆路交通（图2-10）。

川渝地区的地形两边高，中间低，为四川盆地。除去重庆东边的大巴山和武陵山两座山脉之外，整体地势西高东低，由西北向东南倾斜，西部为川西高山高原及川西南山地，整体地势较高，与四川盆地的海拔落差也非常大。川渝地区大部分的河流走向也和整体地势相吻合，基本上也是从

图 2-10　粤商文化在川渝境内的迁徙路线图

西北流向东南，最后注入长江。川渝境内的河流与长江形成了五大一级交汇点，基本上涵盖了川渝地区绝大部分河流。这五大交汇点按照从长江上游往下的方向分别是：攀枝花（雅砻江水系）、宜宾（岷江水系）、泸州（沱江水系）、重庆（嘉陵江水系）、涪陵（乌江水系）。由这些交汇点再往各自水系的上游行进，还有第二级的河流交汇点。例如岷江上的乐山，是大渡河、青衣江汇入岷江的交汇点，而嘉陵江上的合川是涪江、嘉陵江、渠江三江交汇之处。

　　这些江河交汇处的城镇及其周边聚落在当时都是承接包括粤商在内众多外省移民的重要落脚点。粤商及其广东移民一般都是先顺着河流和辅助性的陆路到达这些交汇点的城镇，经过一段时间的繁衍生息和发展壮大后，沿着支流溯源往上，继续向更深的川渝腹地迁徙。这样不断与当地文化融合，逐步建立起新的文化生活圈。这一庞大规模的人口远离广东故土，来到四川，自然少不了要建立具有浓厚乡谊特色的会馆组织。

四、以内河北上线到达的内陆地区

1. 粤商文化沿内河北上线的传播：东西两条路线

粤商借助穿越南岭的几条通道，开始逐步向广阔的祖国内陆腹地扩展自己的商业版图。除了前面所述的到达广西和迁徙到川渝地区，粤商还在南北方向形成了两条主要的迁徙通道，都是从广州出发：一条是经北江—武水—耒水—湘江—洞庭湖—长江—京杭运河沿线，可称为西线；另一条是经北江—浈水—章水—赣江—鄱阳湖—长江—京杭运河沿线，可称为东线。如图 2-11 所示。这两条路线在粤北地区分开，一条经湖南走湘江，过

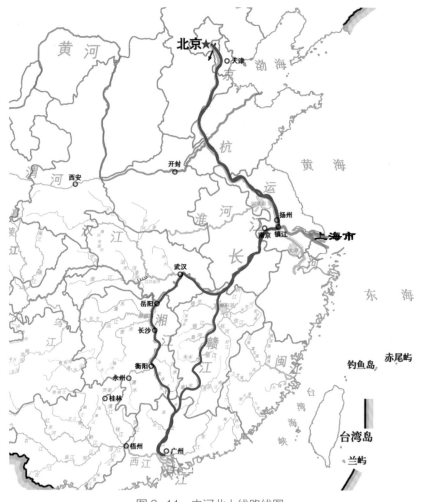

图 2-11　内河北上线路线图

武汉；另一条经江西走赣江，最终两条线路在江西九江附近汇合。之后一起沿长江转京杭运河，一路北上，最终到达山东和京津地区。其中，东线不仅是粤商文化沿内河北上的重要线路，也是清时期广州一口通商政策实行后，来自世界各地的货物销往内陆腹地的关键商贸通道（图2-12）。

2. 由广州出发，西中东三条南北大通道的变迁

由前文所述，还可以总结出，明清时期由广州出发的三条南北大通道的兴衰变迁，可以整体归纳为西、中、东三条路线的依次兴盛（图2-13）。在明以前的内河运输时代，往返于内陆和岭南地区的商贸线路主要为西线，即从广州出发，沿西江—桂江—漓江—灵渠—湘江—洞庭湖—长江—汉江（丹江、唐河、白河）一线，到达江汉平原及中原地区。其中的桂江—漓江—灵渠—湘江段就是著名的"湘桂走廊"通道。

图2-12　历史上的内河北上线东线

到了广州一口通商政策实行之后，西线逐渐衰落，韶关等粤北地区随着北江的开垦而逐渐兴盛起来，北江—武水—耒水—湘江—洞庭湖一线成为南来北往的重要运输通道。而到了沿海各口岸开埠后，北江和东江沿线，以及潮汕地区的韩江流域等都开始全面繁荣起来，浈水—章水—赣江—鄱阳湖沿线也开始逐渐成为跨越南岭的重要商贸运输路线。

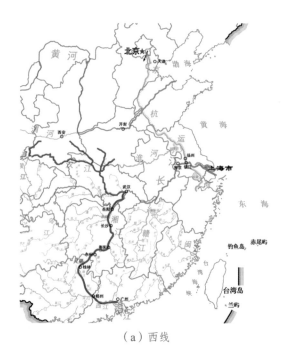

（a）西线

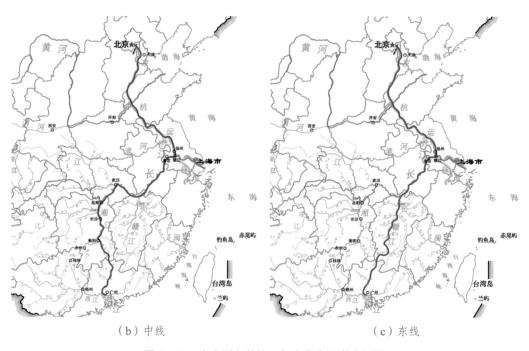

（b）中线　　　　　　　　　（c）东线

图 2-13　由广州出发的三条南北大通道变迁图

五、以海上路线为主的东部沿海地区

粤商在中国东部沿海地区也有很大的经商范围，其主要从广东的各大沿海城市出发，沿着海岸线走海上路线，主要到达浙江、上海、江苏、山东的沿海地区，并且其中有很大的一部分粤商继续北上，横穿渤海湾，来到京津地区，最北端到达辽宁营口（图2-14）。明清时期，中国的航海及造船技术已相当发达，想从祖国南端的广东地区到达北方的京津地区，沿着海岸线走海运路线要比在内陆不远千里地跋山涉水便捷快速得多。

例如粤商往返于广东和江苏之间进行贸易往来，在历史文献中就多有记载。乾隆《澄海县志》中就曾

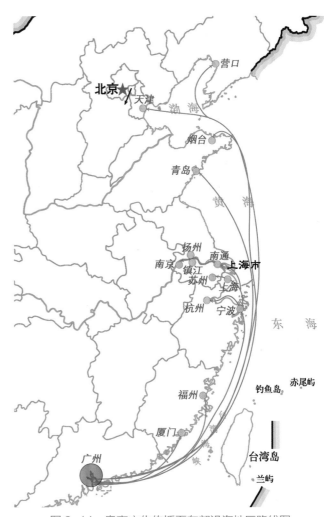

图2-14 粤商文化传播至东部沿海地区路线图

记载，清康熙年实行开海之后，粤商中的糖商"租舶艚船（艚船指载货的木船，有货舱，舵前有住人的木房），装所货糖包"，沿着海路到达苏州等地进行贸易，又从江南一带装载棉花、布料等商品回到广东进行销售。

而粤商当时沿着海运路线抵达上海附近的长江口时，继续沿着宽阔无阻的长江航道，继而抵达沿江的南通、镇江、扬州和南京等地。并且在苏州附近，粤商船队借助江南水乡的稠密水网，可以大船装小船，快速到达苏州及其周边地带（图 2-15）。

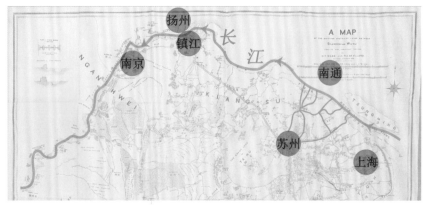

图 2-15　粤商沿长江航道传播的路线图
（基于《1893 年英测长江下游水陆地志图》改绘）

第二节　广东会馆的分布特征

一、广东会馆的总体分布特征

粤商和粤商文化的发展直接带动了广东会馆的产生与发展，粤商文化的传播路线与影响范围则决定了广东会馆的分布范围，而粤商在某个地域范围内的活跃程度，或者说是影响力程度，则决定了广东会馆的分布密度。由于明清时期长达几百年间各种历史因素的影响，例如传播路线所具有的交通条件、路线的可通达性程度以及迁入地当时的经济社会发展水平等，粤商文化的每条迁移路线都会产生不同程度的文化扰动与交融的影响，因此就会呈现出带有差异化的分布特征。

　　综合前人学者对广东会馆的研究，再结合其他相关的历史文献资料，初步总结出历史上中国建立的广东会馆总数量，为609座（图2-16）。主要依据《广东会馆论稿》（刘正刚著）各章节的信息，再结合其他的历史文献资料，得到609的总数字，但肯定还有一些历史文献未被发现，所以实际历史上的广东会馆数量应该是大于这个数字的。详细名录见《附录一：历史上中国建立的广东会馆总表》。

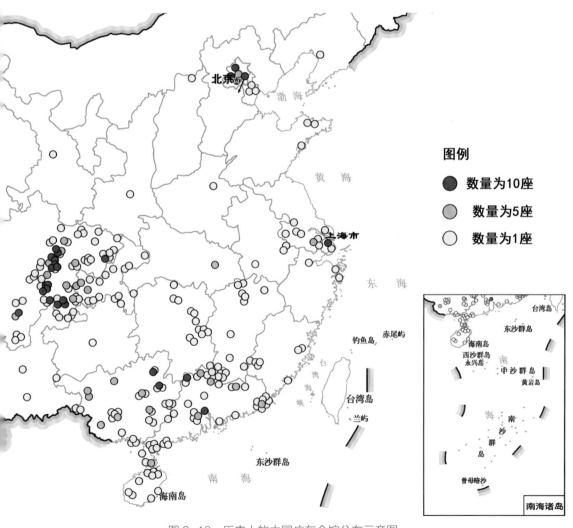

图2-16　历史上的中国广东会馆分布示意图

从整体的空间分布来看，首先有 3 个地区的分布密度最大，分别为华南的两广区域，长江上游的川渝地区和位于渤海湾的京津地区。其次是与广东接壤的湖南、江西，以及东部沿海的江苏和上海等地。再就是除了西部一些省区和东北、内蒙古等地没有以外，其余的省区都有广东会馆的散点分布。

从分布数量上来看，川渝两地加起来的广东会馆数量最多，达到 298 座，是广东会馆在中国分布数量最多的地区。由于川渝地区的很多县志都只是统计了州县所在中心区域的广东会馆数量，而对村落和场镇中建立的广东会馆往往都只是提及有，但并未明确其数量，因此川渝地区的广东会馆数量应该在 298 座以上。其次是广西和广东，分别都在 90 座左右。再者就是北京，有 43 座，但考虑到北京较小的地域面积，因此北京的分布密度可以说是最大的。湖南、江西、江苏和上海都是 10 ～ 15 座的规模。其他有分布的省区都在 10 座以下，除了湖北为 6 座之外，其余省区的数量均为 5 座以下。具体分布如图 2-17 所示。

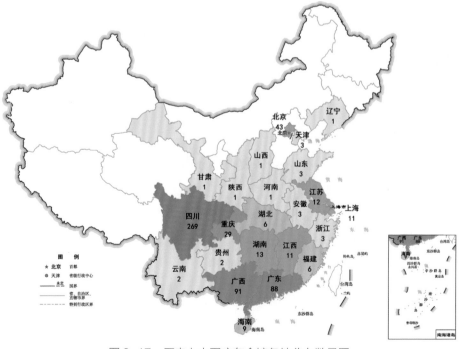

图 2-17　历史上中国广东会馆各地分布数量图

　　从全国广东会馆的分布图上也可以看出粤商文化传播的大趋势。文化的传播方向和路径是与文化势能的强弱紧密相关的。广东会馆在其发源地——广东省外分布最密集的 3 个区域分别对应着 3 个主要的粤商文化传播目的地（图 2-18）。

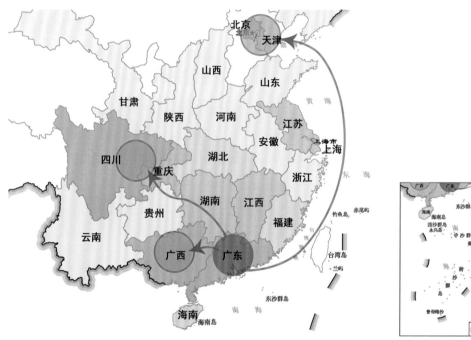

图 2-18　粤商文化在省外的 3 个主要传播目的地

　　在明清时期，广东随着广州府的开垦以及粤商的持续经营，社会经济得到了快速的发展。此时的广西就像是一片尚未开发的原始土地，而正在繁荣发酵的粤商文化需要打开新的市场。于是粤商就借助横贯广西的西江水运体系通达几乎广西的全境。大量的广东商人频繁地往来于两广之间，进行着商业贸易活动，以至于广东商人在广西的商业版图里占据着绝对的强势地位。"广东人在桂省之经济势力根深蒂固，且时呈喧宾夺主之现象。尝闻人谓桂省为粤人之殖民市场，实非过言。[①]" 这就是文化势能高的广东

---

①　千家驹，韩德章，吴半农．广西省经济概况[M]．上海：上海商务印书馆，1936：70．

向当时文化势能低的广西进行文化传播和输送的表现。

再比如川渝地区，明清时期的粤商是顺着"湖广填四川"的移民大浪潮到达川渝地区的。在当时的时代背景下，川渝地区也属于尚未被大规模、强深度开发的，文化势能低的区域，因此高势能的粤商文化就沿着移民大通道传播到了川渝。并且从图中还能注意到，在传播路线途经的湖南、湖北、贵州等地并没有产生太多的广东会馆。这是因为当时的湖广地区，一直就处于文化繁盛、社会经济繁荣的时期，所以来自岭南的粤商文化可能还不如湖广文化的势能高，很难在这里留下太多文化活动的印迹。而贵州虽然在当时属于文化势能低的偏落后地区，但是由于其自身拥有的自然环境条件比较恶劣（贵州的地形地貌大多为不适合居住、开垦的山地，还带有喀斯特地貌），远不如四川盆地得天独厚的自然地理条件，因此粤商文化会把贵州作为传播路线上的途经点，而不是最终的落脚点。

第三个分布较为密集的是京津地区。明清时期的北京是中国的政治、文化中心，官吏和士人最多、最集中，同时又是科考举人汇聚之地，因而会馆的数量之多，在全国各城市中首屈一指。如前文所述，在商品经济得到快速发展之后，粤商开始兴学重教，希望通过读书应试、考取功名来改变自己和宗族的社会地位，因此粤商在北京建立了很多广东会馆。而粤商在清时期也经常往返于广东和天津之间，从事商业贸易。如乾隆《澄海县志》卷二《埠市》记载，潮州一带商人"自展复以来，海不扬波，富商巨贾卒操奇赢，兴贩他省，上溯津门，下通台厦……千艘万舶，悉由澄分达诸邑"。因此在清代，粤商从事广东与天津之间的贸易往来是一种频繁的商业行为，并且这种贸易往来是通过海运来进行的。

综上，粤商文化在广东省外主要有 3 个传播目的地，一是临近的广西，二是处于内陆的川渝地区，三是京津地区。前两个路线，对应着文化势能从强的地区向弱的地区传播，第三个路线，则是政治文化和商业经济互补的表现。

二、广东地区的广东会馆分布及分类特征

1. 广东地区的广东会馆分布特征："三点一中心"、沿海比内陆多的格局

从明清时期开始，广东地区的商品经济水平逐步处于全国前列，商品贸易繁盛，境内各地的会馆建筑也随之纷纷建立。由于海运交通的便捷，广东沿海地区成为粤商重要的活动场所，因此在广东沿海城市兴建的广东会馆数量较为可观[1]。而从明朝中期以后，广东的商人开始频繁深入广东腹地的城镇聚落进行商品贸易活动，于是广东会馆也开始在广东的内陆地区出现。

归纳刘正刚对于广东境内广东会馆的研究成果[2]，再结合笔者发现的文献资料以及现场调研的情况，共归纳出历史上广东境内的广东会馆为88座。由于明清时期的广西沿海和海南地区都属于广东管辖，为了使分布数量能够在现状可以确定的广东地域范畴内进行比较研究，特将广西沿海和海南地区的广东会馆剔除在广东地区的范围之外，并根据现在的广东地图绘制出这88座广东会馆的空间分布图（图2-19）。

从图中可以看出，广东境内的广东会馆呈现出"三点一中心"的分布格局。即中心的广州和粤北、粤西、粤东都呈现出聚集式分布的特点，而其他沿海地区和内陆腹地都是较少的散点分布。其中作为政治中心的广州也是广东地理格局中的中心，在广州及其附近区域汇合了西江、北江和东江这三大支流，得天独厚的山水地理条件，加上"一口通商"的政策，更加提升了广州的商业地位，粤商以及各地商人都云集在广州，从事商品交易，广州的各省会馆都纷纷建立起来。作为本土的商帮，粤商自然也在广州建立了很多广东会馆。

[1] 刘正刚. 清代广东沿海地区会馆分布考[J]. 学术研究，1997（12）：47-50.

[2] 刘正刚. 广东会馆论稿[M]. 上海：上海古籍出版社，2006：245-249.

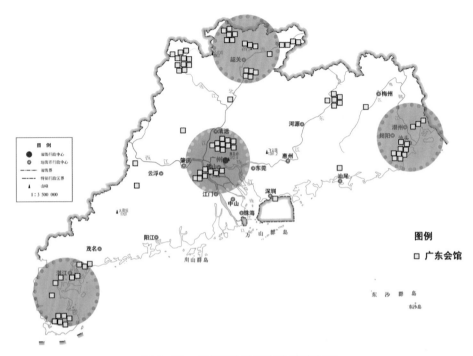

图 2-19　广东境内的广东会馆分布图

　　广东北边的广东会馆基本上是沿着北江水系分布，不管是连江畔的连州，武水边的乐昌，顺着浈水可以穿越南岭去往江西的南雄，还是武水和浈水交汇处的韶关，都分布有较多的广东会馆。西边的广东会馆都是分布在现在的雷州半岛上，如湛江、吴川、雷州（古称海康）和徐闻等地。东边的广东会馆有两个集中区域，一是榕江和韩江出海口附近的潮汕地区，还有一个是东江上游的河源龙川地区。

　　从空间格局上看，中心的广州和西边、东边都属于近海地区，只有北边属于内陆地区，因此广东境内总的广东会馆分布还是呈现出沿海比内陆地区数量更多的特征。

2. 广东地区的广东会馆分类特征：子类别最多，广州会馆和潮州会馆占据主导地位

对广东境内的广东会馆种类进行梳理，总共 88 座会馆中，有 38 个命名不同的子类广东会馆，堪称全国子类数量最多的地区。其中，数量最多的是广州会馆和潮州会馆，各有 15 座，其次是嘉应会馆有 7 座，数量为 4 座和 3 座的都有 2 类，还有 6 类数量为 2 座的，和 25 类数量为 1 座的（图 2-20、图 2-21）。从中还可以看出：

（1）广东商帮中实力最强的是广州帮和潮州帮商人，这里统计的各有 15 座，仅仅是会馆名称单纯为"广州会馆"和"潮州会馆"的情况，如果要再考虑这两地商人分别与别地商人合建的会馆，则数量会更多。例如广肇会馆、广同会馆、潮惠梅会馆、漳潮会馆等等。这也证明了粤商中广州帮和潮州帮两大商人群体力量的强大。

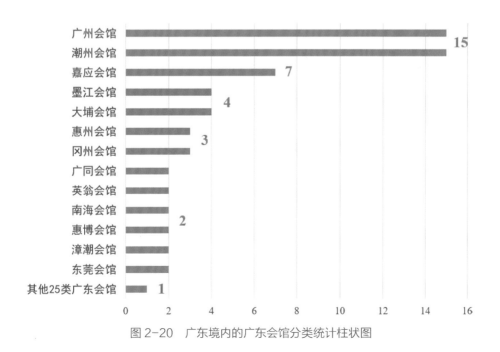

图 2-20　广东境内的广东会馆分类统计柱状图

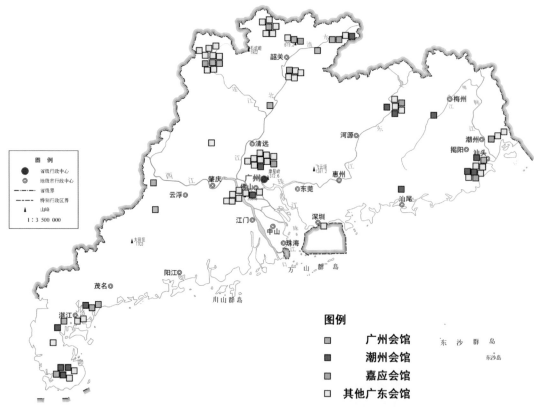

图 2-21　广东境内的广东会馆分类分布图

（2）在广东会馆的发源地广东本地，其境内拥有全国最多子分类的广东会馆，这也证明了当时广东各地商人都在广泛经营和发展着商品经济贸易，也表现出广东会馆作为粤商文化的最佳物质载体和传播媒介，在广东境内广泛流传和成立建造。

再分类来看，广州会馆的分布范围主要是粤北地区，并且会馆大多是本地的商人在异地建立，所以广州本地没有广州会馆的分布（图 2-22）。由于当时广州帮和潮州帮商人属于实力相当的两支本土商帮，因此广州帮商人在潮州也就只有一座广州会馆。

　　潮州会馆的分布则大部分都在近海地区，在内陆地区分布较少。嘉应就是现在的梅州地区，7座嘉应会馆在粤东、粤北和广州都有分布，在粤西则没有。而其他子类的广东会馆在广州和粤北地区分布更多，这说明广州作为当时广东的贸易中心，具有海纳百川、兼容并蓄的特点。还可以看出，粤北在明清时期是广东各地商人穿南岭、出广东，前往祖国腹地的重要途经之地，也是当时南北重要的商品贸易周转中心。各类会馆的具体分布如图2-22～图2-25。

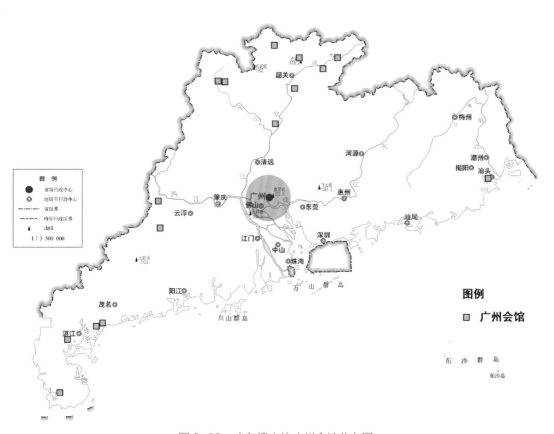

图2-22　广东境内的广州会馆分布图

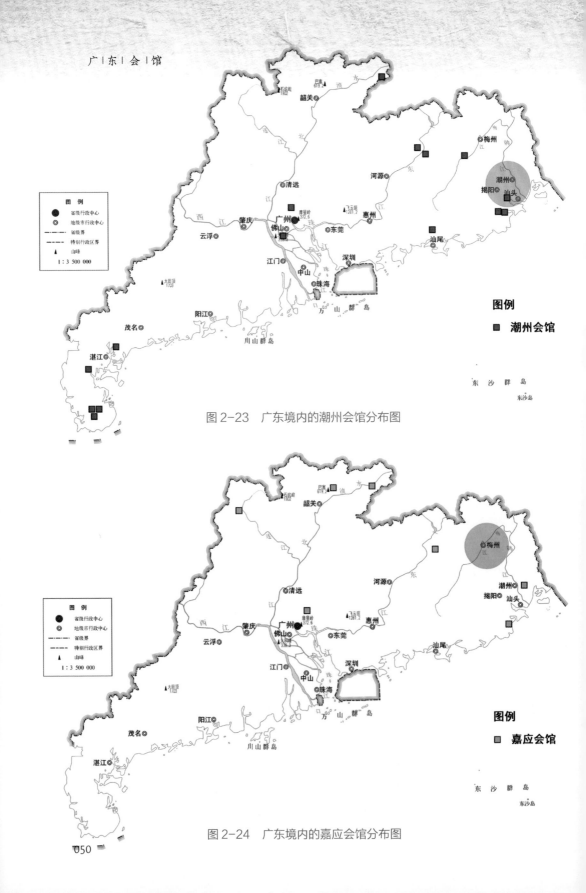

图 2-23　广东境内的潮州会馆分布图

图 2-24　广东境内的嘉应会馆分布图

图 2-25　广东境内其他广东会馆分布图

三、广西地区的广东会馆分布及分类特征

1. 广西地区的广东会馆分布特征：西江水运体系和开埠共同影响

广西素有"无东不成市"和"几乎无市不有广东人，亦几乎无市不有广东会馆"之说。明清时期，粤商在广西的商业发展历程中占据着非常重要的地位，借助贯通两广的西江水运体系，粤商持续不断地将商品、资金、技术等输向发展相对滞后的广西，打破了广西原来孤立封闭的市场和社会环境，建立起了连接两广的商业网络体系，并将广西发展成岭南社会体系下的两广地缘文化同构地区。而粤东会馆又是这一时期粤商在异乡捐资兴建的用于同乡和同业集会、寄居和进行商业贸易活动的主要会馆建筑。

归纳侯宣杰、刘正刚和黄玥三位学者对于广西境内广东会馆的研究成果[①]，结合笔者发现的文献资料以及现场调研情况，共归纳出历史上广西境内的广东会馆为91座。并根据现在的广西地图绘制出这91座广东会馆的空间分布图（图2-26）。

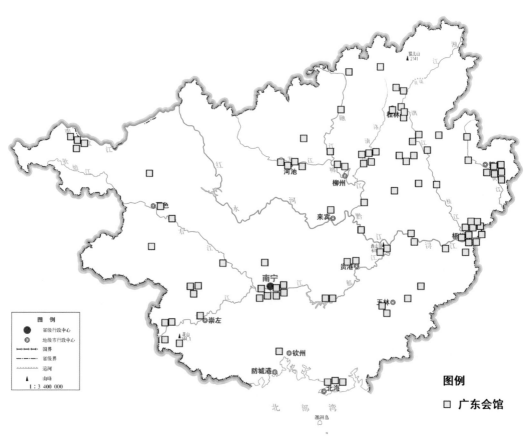

图2-26　广西境内的广东会馆分布图

从图中可以看出，广东会馆在广西境内广泛分布，不仅在距离广东最近的梧州有很多的广东会馆，在广西的西北角百色市隆林县，以及西南角

---

① 侯宣杰. 商人会馆与边疆社会经济的变迁[D]. 桂林：广西师范大学，2004：35-43.
刘正刚. 广东会馆论稿[M]. 上海：上海古籍出版社，2006：270-273.
黄玥. 广西粤东会馆建筑美学研究[D]. 南宁：广西大学，2018：14-15.

的崇左市龙州县都有分布，显示出粤商文化在广西境内的传播范围之广。这里还蕴含着两点规律：

（1）广西境内的广东会馆大体沿着西江流域分布，呈现出支流比干流上分布数量多的现象，贺江、漓江—桂江、龙江—洛清江—柳江、左江—右江—邕江—郁江这四条支流上的广东会馆数量都明显比西江正源沿线的数量多。且广西现在的几座大城市，例如南宁、柳州、桂林也都处于西江支流的沿线。而梧州作为"水汇三江，地处两粤"的咽喉，牢牢掌控着西江水道通往广东的门户位置，所以在梧州的广东会馆数量也是非常多的。

（2）近代时期开埠这一历史政治因素也对会馆的空间分布产生了重要的影响。广西在近代对外开放的商埠有3个，分别为龙州（1889年，龙州即现在的广西壮族自治区崇左市龙州县）、梧州（1897年）和南宁（1889年）。以龙州为例，法国于1889年在龙州设立领事馆及海关公署，龙州口岸正式对外开放。法国等欧洲国家从越南经龙州把大量的资本主义商品运输到中国市场，龙州逐渐成为左江上的货物周转中心以及中国西南部对越南贸易的重要口岸，各地商人纷纷来龙州投资兴业。龙州在近30多年的时间里，商品经济快速发展。已经深耕广西多年的粤商自然也抓住了这个时机，在龙州以及左江沿线抢抓市场，布局商业，这就能解释广东会馆在这一区域分布也较多的原因。

2. 广西地区的广东会馆分类特征：粤东会馆占据主导地位

对广西境内各类广东会馆的数量进行统计发现（图2-27），总共91座广东会馆中，粤东会馆有57座，占比超过六成，可以说粤东会馆占据了绝对主导地位。其次还有10座广东会馆，9座商业会堂（主要以梧州居多，例如梧州的永安堂、安顺堂等，均为粤商所建），3座书院、乡祠，3座广州会馆，3座天后宫、天妃宫（与福建接壤的广东潮州地区也信奉天后妈祖），2座广肇会馆等。

关于粤东会馆的名称由来，是因为"粤"通"越"，明清时期多用这

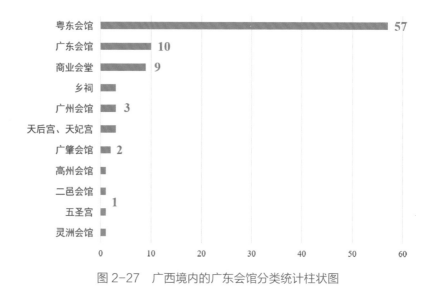

图 2-27　广西境内的广东会馆分类统计柱状图

个字来指代百越民族世居的岭南地区。历史上广东与广西就被称为"两广"
或"两粤"。而且广东与广西在当时就以现在的梧州为分界点,来划分东西,
广东为"粤东",广西为"粤西"。因此广西人多以"粤东"来指代从广
东而来的商人和移民 ①。且粤东会馆在全国其他省份均鲜有出现,因此粤东
会馆可以说是在广西境内所特有的一类广东会馆,如同前面的数量统计,
它的整体数量也占据了广西境内所有广东会馆中的主体地位。

　　再从空间分布上看,除了梧州、南宁,以及桂东北地区之外,粤东会
馆在广西大部分地区都占有绝对优势。这可能是因为以桂林为代表的桂东
北地区,处于西江—桂江—漓江—灵渠—湘江这一南北大通道上,从江西、
湖北、湖南等地来的商人络绎不绝,频繁穿梭在这条通道上。粤商在此区
域和这些外省商人分庭抗礼,不相上下,所形成的粤商规模和派别没有广
西其他大部分地区那么多,因此需要以共同的"广东会馆"名义来与之抗衡,
从而求得现有市场规模的稳固。可以说,除了桂东北以外的广西大部分地区,
都算是粤商以及粤商文化的传统优势地区(图 2-28)。

---

① 黄玥. 广西粤东会馆建筑美学研究[D]. 南宁:广西大学,2018:12.

图2-28 广西境内的广东会馆分类分布图

四、川渝地区的广东会馆分布及分类特征

1. 川渝地区的广东会馆分布特征：以四川盆地内的河流沿线为主

广东会馆在四川的建立数量多，分布范围广，都是其他省份的广东会馆所无法与之相较的。如前文所述，川渝地区的广东会馆总数最少为298座。因为许多川渝方志一般只记录州县治所地区的南华宫，而对乡村各场镇的南华宫分布情况，则往往多略而不计。实际上，川渝地区场镇的会馆往往多于州县治所的会馆数量。据以上描述可以推断，川渝地区的广东会馆总数可能在300～400座。

从空间分布上看，川渝地区的广东会馆主要都分布在四川盆地以内，除此之外，在川西南的西昌—攀枝花一线，以及重庆东部的万州和乌江沿线也有一些（图2-29）。广东会馆在四川盆地内的分布还可以看出两点特征：一是大部分的广东会馆还是沿着几大支流水系沿线分布，而且从支流的上游到下游都有分布，可见当时粤商顺着河流在这一地带进行着广泛的迁徙和移动。二是岷江和沱江沿线的广东会馆分布密度较大，明显高于其他几条支流沿线的分布密度。

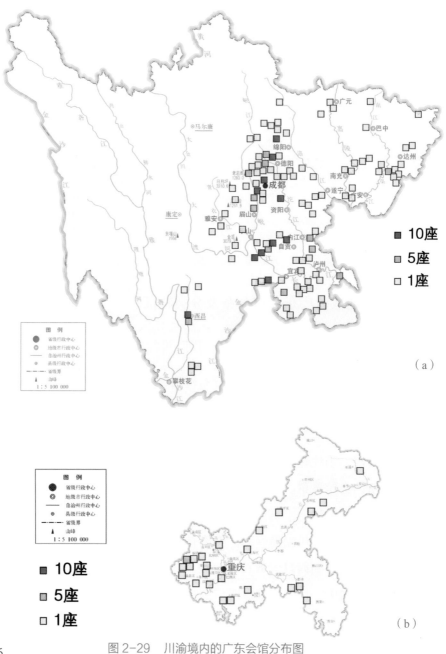

图 2-29　川渝境内的广东会馆分布图

2. 川渝地区的广东会馆分类特征：几乎全为南华宫

据不完全的统计，川渝境内绝大多数的广东会馆均以"南华宫"命名，会馆内供奉的神灵绝大多数为"南华六祖"。因此在川渝地区，南华宫就是其最主要的广东会馆子类别。通过对相关文献资料的搜集，也发现了川渝境内有着不同于"南华宫"命名的广东会馆，但是总体数量相对于南华宫来说，还是偏少（表2-1）。

表2-1　川渝地区的广东会馆别称表 [①]

名称	所在地	资料来源
六祖庙	四川省泸州市纳溪区	嘉庆《纳溪县志》卷二
天后宫	四川省德阳市中江县	道光《中江县新志》卷二
元天宫	重庆市梁平区	光绪《梁山县志》卷三
龙母宫	四川省巴中市巴州区	道光《巴州志》卷二
龙母宫	四川省达州市万源市	民国《万源县志》卷二
龙母宫	四川省达州市渠县	同治《渠县志》卷一七
龙母宫	四川省达州市宣汉县	光绪《东乡县志》卷一〇
东粤宫	四川省达州市大竹县	民国《续修大竹县志》卷三
粤东庙	四川省凉山彝族自治州冕宁县	乾隆《冕宁县志》卷五
广圣宫	四川省南充市营山县	同治《营山县志》卷六
南华庙	四川省内江市东兴区	光绪《内江县志》卷一

在川渝地区的广东会馆，绝大部分都是被命名为"南华宫"，几乎没有看到记载有"广东会馆"、"广州会馆"、"潮州会馆"这样的名称。根据刘正刚学者的研究，以及笔者查阅资料和实地调研后的猜测，造成这样的现象可能有两点原因。第一是不同于广东省内的迁徙路线，以及去往广西的传播路线，前往川渝地区的路程很远，地势复杂多变；第二，也是不同于广东和广西，粤商在川渝地区经商，没有天时地利的有利因素，并

---

① 刘正刚. 广东会馆论稿[M]. 上海：上海古籍出版社，2006：282-283.

且还要和其他多支外省的商人共同竞争。因此粤商在明清时期由广东本地出发，为了经商求富，以及面临广东境内人口增长等社会环境的压力，跋山涉水，不远数千里，来到完全陌生的川渝地区，重新扎根，营建自己的生活文化体系，并且还要面对来自湖广、福建、江西、陕西等多地的商民。他们需要借助来自家乡神灵先贤的信仰力量，来鼓励自己，团结同乡，才能在新的移民区域更快更强地建立起属于自己的文化领土。

在粤商看来，南华六祖已经不仅是一位具有崇高地位的宗教领袖，更已成为他们心目中来自家乡广东的地方乡土神灵。所以粤商会选择南华六祖作为祭祀对象，并把这一信仰当成是一种纽带来联络同籍商人之间的感情，加强粤商内部的凝聚力。这可能是粤商以及广东籍移民从一开始进入川渝地区，在建立广东会馆之初就一直秉持的观念。以至于现在所能看到的大部分文献资料中，都是将川渝地区的广东会馆记载为"南华宫"。

五、内陆地区的广东会馆分布及分类特征

总共梳理出内河北上线沿线内陆地区的广东会馆共 50 座（图 2-30）。由于广州主要属于广东省内迁徙的范围，北边的京津地区更多地属于后文提及的海运北上线范围，因此这里并未将这些地区的广东会馆纳入到内河北上线的范畴内。其中在粤北地区，广东会馆的分布最为集中。其次是湘江干流沿线以及赣江靠近鄱阳湖的区域，分布也较多。

再对这 50 座广东会馆的子分类进行梳理（图 2-31）。数量最多的就是直接以"广东会馆"来命名的，有 12 座，占据总数的将近 1/4。其次为广州会馆，有 6 座。并且这一路线广东会馆的子类别也较多，有 21 种。这可以反映出：一是在进行较长路线、较远路程的南北向传播迁徙过程中，粤商还是倾向于以联合统一的名义来从事商业贸易等活动；二是在这一南北大路线迁徙过程中，还是有来自广东很多地区的商人所组成的庞大群体共同参与。

而纵观东部沿海地区的 36 座广东会馆，数量最多的就是以潮州会馆命名的，有 6 座，其次是以广东会馆和两广会馆来命名的，各有 5 座（图 2-33）。这说明在东部沿海地区经商的粤商中，还是潮州帮商人占据榜首位置。而东部沿海地区的所有 36 座广东会馆中，包括 17 个子类别，整体类别数比较多。这可以反映出东部沿海地区的粤商也是由来自广东很多地区的商人所组成的庞大群体。

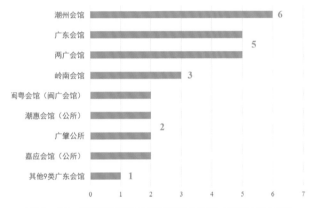

图 2-33　东部沿海地区的广东会馆分类统计柱状图

七、广东会馆演变建筑的分布及分类特征

除了这四条主要的迁徙路线以及四大子类广东会馆之外，在两广地区还存在着一些广东会馆的其他演变建筑。如更偏向教育功能的粤商书院，和为了祭祀和祈福而修建的护龙庙等。这些都可以归纳到广东会馆的演变子分类"X"里。粤商书院大多是由粤商赞助兴建。而护龙庙的建立，是为了祈求贩运货物的商船在海上和内河的运输往来可以顺利平安。由于当时两广地区绝大部分的商船运输都是为粤商所控制，所以有记载的护龙庙也大多是由粤商兴建的。但由于这些演变建筑的主要功能，相较于典型的广东会馆来说，已经发生较大的变化，产生了本质上的差别，因此在这次研究中，这一类演变的建筑并未被划分到广东会馆的界定范畴内。

综合相关资料以及实地调研的情况，据不完全统计，对护龙庙和粤商书院等进行整理和归纳，目前共得出有 19 座（表 2-2）。历史上实际存在过的这类演变建筑数量应该是大于这个数字的。

表 2-2 广东会馆的演变建筑归纳表自制 [1]

演变建筑类别	建筑名称	所在位置
护龙庙	船埠护龙庙	广西壮族自治区玉林市福绵区福绵镇船埠村
粤商书院	陈氏书院	广东省广州市中山七路
	玉岊书院	广东省广州市萝岗街
	庐江书院	广东省广州市西湖路
	培兰书院	广东省广州市番禺区南村镇罗边村
	青云书院	广东省广州市越秀区
	肯堂书室	广东省广州市花都区炭步镇茶塘村
	云伍公书室	广东省广州市花都区炭步镇塱头村
	谷诒书院	广东省广州市花都区炭步镇朗头村
	莲峰书院	广东省佛山市禅城区石湾镇
	慕香书院	广东省东莞市凤岗镇凤德岭村
	颂退书室	广东省东莞市常平镇桥沥村
	绮云书室	广东省深圳市宝安区乐群社区
	冈州书院	广西壮族自治区贺州市八步区
	梅江书院	广西壮族自治区南宁市
	要明书院	
	顺德书院	
	新会书院	
	单城书院	广西壮族自治区崇左市大新县

① 主要参考：冯江. 祖先之翼：明清广州府的开垦、聚族而居与宗族祠堂的衍变[M]. 北京：中国建筑工业出版社，2016：309-320，附录.

从空间分布上看，这 19 座演变建筑都是沿着主要的河流分布，且呈现出明显的聚集式分布特征。大部分的演变建筑都分布在广州—佛山—东莞和广西首府南宁这两个区域（图 2-34）。尤其是广州，聚集了最多数量的粤商书院，可见当时的广州不仅是两广地区商业贸易经济的中心，也是教育文化的中心城市（图 2-35 ～图 2-38）。

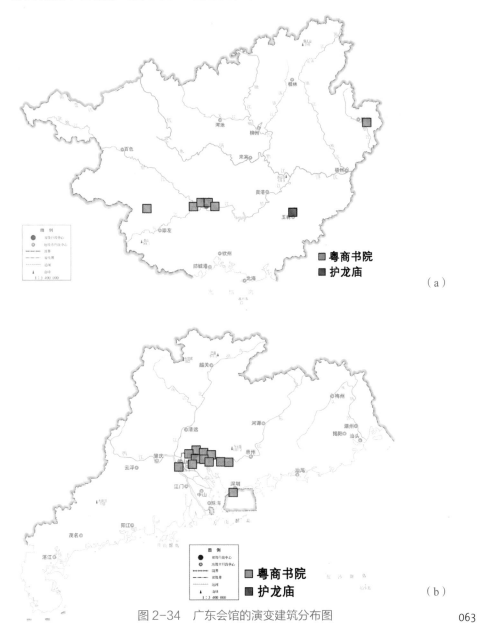

图 2-34　广东会馆的演变建筑分布图

图 2-35 广州陈氏书院（一）

图 2-36 广州陈氏书院（二）

图 2-37　广州庐江书院

图 2-38　广州青云书院

第三章
广东会馆的
建筑空间与
形态特征

第一节 广东会馆的选址与布局

一、广东会馆的选址倾向

广东会馆的选址带有明显的商业价值取向，绝大部分都是处于交通便利和人员汇集的位置。其选址倾向可大致分为两类：集市场镇的中心地带或重要街道旁，滨河滨江的主要街道旁。

1. 集市场镇的中心地带或重要街道旁

明清时期，各种集市场镇在四川盆地竞相兴起。而作为商业据点的会馆，也在各大场镇中建立。会馆不仅成为场镇商贸繁荣的象征，也成为很多场镇的中心地标性公共建筑。洛带古镇位于四川成都市东郊，农业和商贸运输等持续繁荣，是成都平原上扼守商贸流通的重镇。整个古镇呈现"一街七巷子"的格局，主要由 1 条老街（上下街）和 7 条巷子组成。老街全长 1.2 千米，街两边鳞次栉比，各大会馆点缀其中[①]。广东商人所建的南华宫就位于古镇老街的下街，始建于清乾隆十一年（1746 年），建筑规模为洛带古镇中的会馆之最（图 3-1）。

再例如天津的闽粤会馆，是由经海路北上的粤商和闽商联合修建的。《天津商会档案汇编》中说道："天津城北针市街旧有闽粤会馆，系闽粤两省旅津商人集资公建。[②]"这与光绪二十五年（1899 年）《天津城厢保甲全图》中闽粤会馆的位置相匹配（图 3-2）。还有 1931 年发行的《天津志略》中有记载："区内最繁盛者为估衣、锅店两街，巨商毗连，冠盖全埠，……竹竿巷棉纱商毕集，针市街向为闽粤晋三帮多而且盛之处。"可知当时的

---

① 栗笑寒. 川西地区汉族传统古村落空间形态与文化艺术研究[D]. 西安：西安建筑科技大学，2017：65.

② 天津市档案馆，天津社会科学院历史研究所，天津市工商业联合会. 天津商会档案汇编（1903-1911）下[M]. 天津：天津人民出版社，1989：2100.

针市街是天津城内重要的商贸街道。在 1899 年的历史地图中，沿着闽粤会馆散开，也能找到"竹竿巷"、"估衣街"、"锅店街"等地名。因此闽粤会馆在当时是位于天津城重要的商贸街道上。

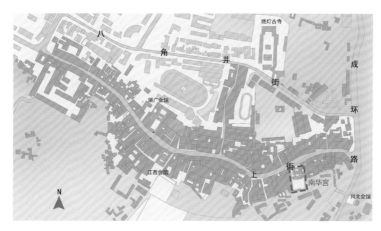

图 3-1　洛带南华宫在古镇中的区位图

图 3-2　天津闽粤会馆的区位图

（基于《1899 年天津城厢保甲全图》改绘）

2. 滨河滨江的主要街道旁

如前文所说，粤商文化的传播路径很大一部分都是通过水路。而且明清时期的聚落和市镇一般都是依附于江河水系而逐渐形成，这些聚落和市镇的形态肌理往往也和水系共生长，产生密不可分的相互关系。因此很多广东会馆都是位于滨河滨江的主要街道上。

例如当时广西平乐府的信都县（今广西贺州市信都镇），可以借临水通达贺江，再进入西江流域，交通十分便捷。粤商在清朝于此地建立了粤东会馆。民国《信都县志》卷首《贺信旧疆域图·旧城图》中就标注了该粤东会馆的位置（图3-3）。该会馆位于临江畔的上河东街，与城墙内的旧城隔临江相望，可以通过浮桥连接。在粤东会馆的两侧分别是商铺和一座天后宫。

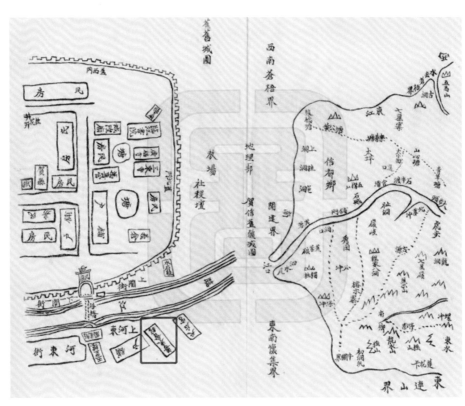

图3-3 信都粤东会馆的区位图

（基于《信都县志·贺信旧疆域图·旧城图》改绘）

二、广东会馆的布局特点

由于广东会馆的建筑形制起源于广府的宗族祠堂和其他公共建筑，所以这里对于广东会馆布局特点的研究，沿袭和借鉴《祖先之翼——明清广州府的开垦、聚族而居与宗族祠堂的衍变》中对于广州府祠堂建筑形制的总结。按照建筑整体的路数、中轴线上主要单体建筑的进数和组群关系，来描述建筑的整体形制和基本布局[①]。决定广东会馆建筑布局有"路"和"进"两个重要因素。路就是与山墙平行的方向，一座广东会馆内沿一条纵深轴线分布而成的建筑与庭院序列被称为一路。中间的一路通常被称为中路，左右两边为边路。进就是与正脊平行的方向，沿面阔方向平行的一组单体建筑被称为一进，中轴线上有几座单体建筑，整体建筑就有几进。所以路数和进数相组合，就决定了广东会馆建筑的整体规模大小。一般的广东会馆都为一路或三路，进数一般为三进。

广东会馆建筑采用最多的就是"三路三进"的整体布局，即拥有3条纵深轴线的序列，与正脊平行的主要单体建筑有3组（图3-4）。中路上一般为主体建筑，边路上一般为厢房等附属功能用房。中路与左右边路之间的空巷被称为青云巷，也叫冷巷。

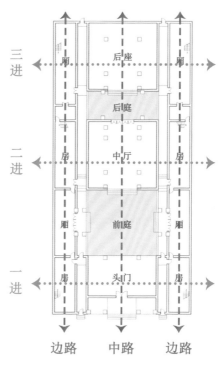

图3-4　广东会馆建筑"三路三进"
标准布局示意图

---

① 冯江．祖先之翼：明清广州府的开垦、聚族而居与宗族祠堂的衍变[M]．北京：中国建筑工业出版社，2016：153-155．

　　"三路三进"的布局特点尤其多见于两广地区的广东会馆，如大部分的粤东会馆、广州会馆等都是采用这种基本的格局形制。但广东会馆是属于功能性和祭祀性相结合的建筑类型，从开始建造到最终实现都会受到很多现实条件的制约，例如建造场地的地理因素和粤商建造者的财力水平等。因此在一些商贸经济不够发达的较偏远地区，或是地理区位环境不够优越的地区，其广东会馆的建筑布局并不像基本形制那样完整。例如没有左右两条纵深轴线，即完全舍去中轴线两旁的廊道与厢房，只保留中轴线上的主要单体建筑。或者是只有短短的两进布局，即中轴线上只有一个庭院。

　　例如广东南雄广州会馆就是标准的三路三进式布局，只是现存南雄广州会馆的最后一进已经损毁（图3-5）。广西贺州市贺街镇粤东会馆，即使残缺了左侧的半路廊道和厢房，也能从整体形制看出是标准的"三路三进"格局（图3-6）。而广西钦州市广州会馆即为"三路两进"的格局（图3-7）。再例如广西玉林的粤东会馆，在历经乾隆、道光和光绪年间三次较大规模的扩建和修葺后，才最终形成了"三路三进"的布局形制[①]。这也反映出随着当地粤商财力的提升、人员流动和商贸活动的增加，对于会馆

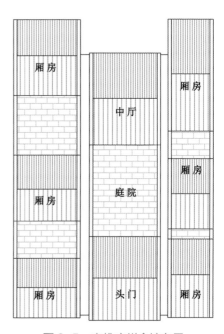

图 3-5　南雄广州会馆布局

使用功能的需求也会随之增加，会馆建筑布局的变化会是一个动态生长的过程。俯瞰现存的玉林粤东会馆建筑，虽然已经缺失了最后一进，但还可以看到纵向的三路格局（图3-8）。

---

① 黄玥. 广西粤东会馆建筑美学研究[D]. 南宁：广西大学，2018：26.

图 3-6 贺州粤东会馆布局

图 3-7 钦州广州会馆布局

图 3-8 玉林粤东会馆布局

第二节　广东会馆的形制与结构

一、广东会馆的形制特征

广东会馆的建筑元素主要由中路上的主体建筑和两侧的厢房组成。其中一般中路上三进主体建筑的名称依次为头门（头座）、中厅（中堂）、后座（后堂）。牌坊、照壁和钟鼓楼等其他同乡会馆中常见的建筑元素在广东会馆中并不太常见。另外，传统同乡会馆中常见的戏楼在广东会馆中属于一个比较特殊的建筑元素。在两广地区的广东会馆中，几乎看不到戏楼的身影。而在四川的南华宫，以及北方的天津广东会馆中，戏楼都作为一个独立且明显的建筑组成部分，在整体建筑布局中占据着重要的地位（有关戏楼在广东会馆中的显与隐，在第四节中会有详细分析）。

1. 头　门

头门，也叫头座，是广东会馆正面和中路序列上的第一座建筑，也是整个会馆的主要入口（图3-9）。头门在性质上属于礼仪空间，并没有太多实际的功能。头门兼具有会馆的大门，门上有铭刻的会馆名称，门前左右放置抱鼓石。头门的正立面一般采用均匀平整的水磨青砖砌筑。除了大门外，一般没有另外的开窗洞口。头门一般为三开间，除了正中的一进为大门外，左右两开间的最外面有石梁架，梁架上方一般通过小型的石狮与屋顶相接。这种墙-梁架-柱组合的样式也是广东会馆非常具有代表性的头门正立面形式（图3-10、图3-11）。

头门代表着整个会馆的脸面，因此带有大量丰富的装饰。例如梁架上有木雕，墀头上有砖雕，基座和抱鼓石上有石雕，还有屋脊和屋檐上有灰塑。除此以外，头门的柱础式样也较为精美丰富，石梁架下方与柱子、山墙面相接的承托也带有繁复精美的花纹图案。

（a）南雄广州会馆

（b）百色粤东会馆

（c）梧州粤东会馆

（d）玉林粤东会馆

（e）广州锦纶会馆

（f）南宁粤东会馆

图 3-9　广东会馆的头门

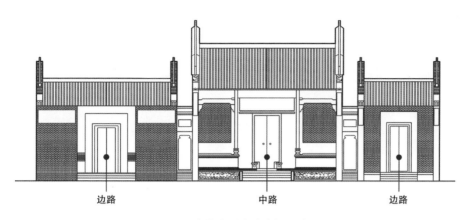

边路　　　　　　　　中路　　　　　　　　边路

图 3-10　南雄广州会馆头门正立面图

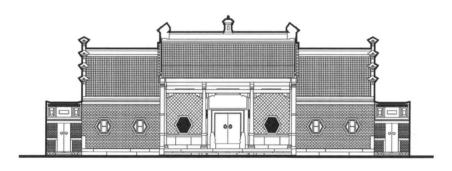

图 3-11　天津广东会馆头门正立面图

2. 中　厅

中厅，也叫中堂。中厅是广东会馆中最核心的功能使用空间，主要是作为会馆成员商户在一起举行会议、商讨经营贸易、处理商业纠纷的场所（图3-12）。中厅两侧的厢房通常被用来当成商户的休息用房或者是厨房餐厅类的生活用房。当然中厅的使用功能也有例外，例如广西梧州粤东会馆的中厅被用来当作祭祀关帝的空间，其中厅也称作武圣殿。不管是举行会议的议事空间，还是进行祈福的祭祀空间，中厅都是广东会馆中使用频率最高的单体建筑，也是公共性最强的实体建筑空间。

（a）百色粤东会馆

（b）梧州粤东会馆

（c）天津广东会馆

（d）南雄广州会馆

图 3-12　广东会馆的中厅

正是由于中厅所具有的公共性，也让它成为广东会馆建筑中最具通透性的单体建筑。中厅的正立面通常没有设实体的墙体，都是全部对外通透，只保留和头门非常相似的石梁架体系。所以一般站在前庭中，就可以将中厅的室内空间一览无余。而中厅的这一通透性特点可能在寒冷的北方还是需要入乡随俗般的改变。

3. 后　座

后座也称为后堂，是广东会馆空间序列中最后一座单体建筑（图3-13）。后座也是会馆建筑中最具精神礼仪性的空间，因为它被用来供奉来自故乡的先贤神灵。每到重大节日，都要在后座及前面的庭院内举行各种祭拜仪式和奉祀活动。后座的室内贴后墙会设有神橱，供奉有神祇的雕像、塑像，神像前一般会摆供桌、香炉等祭祀用品。但是也有后座不是礼仪性空间的广东会馆，例如天津广东会馆，其后座就是一座戏楼。

（a）百色粤东会馆

（b）梧州粤东会馆

（c）天津广东会馆

（d）南雄广州会馆

图 3-13　广东会馆的后座

4. 序　列

广东会馆的空间序列较为稳定和简洁。以标准的三进三路式布局的广东会馆为例，一般从头门开始，依次为头门—前庭—中厅—后庭—后座（图3-14）。虽然大部分的广东会馆位于平地上，但为了烘托出整体的序列关系，以及增强三进主体建筑之间的递进层级，绝大多数的广东会馆在修建时还是着意依次升高了基座的标高。并且中厅前的前庭要比后庭更开阔一些，适应举办各类大型公共活动的功能需求。

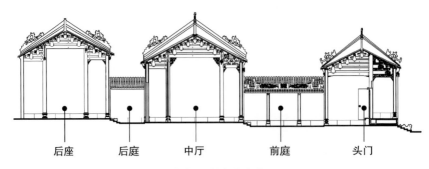

（a）百色粤东会馆

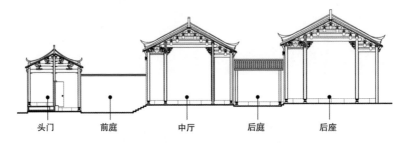

（b）梧州粤东会馆

（c）洛带南华官

图 3-14　广东会馆的序列

二、广东会馆的结构特征

1. 结构体系

广东会馆的结构体系分为 3 种：抬梁式、穿斗式和抬担式（图 3-15）。
3 种结构形式带有明显的地域分布性。如两广地区的广东会馆，通常都采用
的抬梁式结构，并且全部采用的是露明梁架，即室内所有的构架全部都展

现出来。抬梁式结构可以形成较为宽敞的室内空间。穿斗式和抬担式基本都出现在川渝地区的南华宫中。穿斗式虽然形成的空间不够开敞，但是在结构布置时具有很强的灵活性。而抬担式略有区别，柱上直接放檩，而梁则放置于柱中，梁上面再放短柱，柱上再承托檩。

（a）抬梁式　　（b）穿斗式　　（c）抬担式

图 3-15　广东会馆的结构体系

　　除此以外，广东会馆的中厅和后堂的前檐经常使用卷棚顶结构（图 3-16）。

（a）百色粤东会馆

（b）梧州粤东会馆

（c）中渡粤东会馆

（d）洛带南华宫

图 3-16　广东会馆的卷棚顶

2. 屋　顶

广东会馆的屋顶通常都为双坡硬山顶（图3-17）。屋顶正中最高处为一条正脊，左右两边四条垂脊形成了双坡屋面，四条垂脊上一般都会砌筑高于屋面的山墙，这也是广东会馆建筑屋顶一个最鲜明的特色。有的广东会馆的山墙要高出屋面很多。整个屋面被左右两边的山墙夹住，屋顶的前后外檐都不凸出于山墙。通常在屋顶的正脊和垂脊上都会极尽装饰，精美绝伦。

3. 山　墙

山墙用于压顶、挡风、防火，多用青砖、石柱、石板砌成。广东会馆的山墙样式大概可以分为4类：三角直线山墙、镬耳山墙、云朵状多曲线山墙和北方式带卷棚顶微曲山墙（图3-18）。造型别致的山墙不仅有其实际的功能，也成为广东会馆别具一格的建筑形象元素。

（a）玉林粤东会馆

（b）贺街镇粤东会馆

（c）英家镇粤东会馆

图3-17　广东会馆的屋顶

（a）南雄广州会馆　　　　　　　　　　　（b）洛带南华宫

（c）北流粤东会馆　　　　　　　　　　　（d）钦州广州会馆

图 3-18　广东会馆的山墙

第三节　广东会馆的装饰与细部

一、广东会馆的装饰艺术

广东会馆的装饰最突出的就是"三雕两塑"，即木雕、石雕、砖雕，和陶塑、灰塑。装饰部分遍布会馆的绝大多数部位。

广东会馆的木雕多用于建筑的梁架及屋檐下（图3-19）。一般头门前檐梁架上的木雕，数量最多，规模最大，内容形式也最丰富，堪称会馆木雕中最精彩的部分。头门梁架上的木雕，主要表现各路英雄会聚一堂的主题，以故事中的人物形象为主，有民间传说、历史故事，特别还有《三国演义》里面的故事等。

（a）南雄广州会馆

（b）百色粤东会馆

（c）贺街镇粤东会馆

（d）天津广东会馆

（e）南宁粤东会馆

（f）北流粤东会馆

图3-19　广东会馆的木雕

　　石雕在广东会馆各处都可见，主要体现在柱础、台阶、梁枋、石横梁等部位（图 3-20）。台阶和梁枋上多以镂空的石雕刻琢出繁复的卷曲花样。主要单体建筑正立面的石横梁上会放置有石雕的小狮子。石雕中最多样的当属柱础。石柱本身一般没有太多雕饰，所以不同式样的柱础把光洁修长的石柱衬托得更为秀美。广东会馆中的柱础形式非常多样，主要有圆形和方形两大类。方形的柱础中，经常做成上下两端粗、中间渐变细的形式，在整体素净的风格中彰显细节之美。

（a）玉林粤东会馆　　　　　（b）百色粤东会馆　　　　　（c）天津广东会馆

（d）北流粤东会馆　　　　　（e）中渡粤东会馆　　　　　（f）北流粤东会馆

（g）百色粤东会馆　　　　　（h）玉林粤东会馆　　　　　（i）洛带南华宫

图 3-20　广东会馆的石雕

　　砖雕相对于木雕和石雕，在整体装饰中的比例比较小，但却是画龙点睛之笔（图3-21）。尤其是以主要单体建筑墀头处的砖雕，最为出彩。此外在山墙的墙头也有一些砖雕。广东会馆砖雕的主题可分为两大类，一是自然山水和植物类，二是各种神话故事中的神灵人物类。这两类装饰的上下部位通常都伴随着统一繁复的花纹样式出现，以此来衬托主题装饰内容的特殊性。神灵人物类的砖雕通常多为女性形象，这点特征在两广地区的广东会馆中表现得尤为明显。

（a）梧州粤东会馆　　　　　　　（b）玉林粤东会馆　　　　　　　（c）洛带南华宫

（d）天津广东会馆　　　　　　　（e）船埠护龙庙　　　　　　　（f）北流粤东会馆

图3-21　广东会馆的砖雕

陶塑和灰塑一般都是装饰在屋面上，两者通常一起出现（图3-22、图3-23）。例如屋顶正脊上的装饰，通常是陶塑在最上方，灰塑在陶塑的下方，承接屋面和上面的陶塑装饰。

图3-22　屋脊装饰中灰塑与陶塑的位置关系

广东会馆陶塑装饰的用材主要为玻璃釉彩，颜色主要有白、褐、黄、绿、蓝五种。陶塑装饰的主要图案为各种各样的人物形象，并巧妙地将各种动物、花鸟瓜果和亭台楼阁等建筑元素融合其中，使得屋脊显得丰富多彩。陶塑装饰着重在轮廓线上进行打磨，线条简洁但非常有力。

（a）梧州粤东会馆的灰塑　　　　　（b）玉林粤东会馆的陶塑

（c）百色粤东会馆的灰塑与陶塑

图 3-23　广东会馆的灰塑与陶塑

广东会馆中的灰塑使用规模较大，它是广东民间建筑的主要装饰工艺。由于灰塑需要在现场制作，手工匠人们可根据题材和空间的需要，充分发挥其技艺。如将山川水涧景物随形就势穿透墙体，立体效果突出，形态栩栩如生，充满浓郁的民间色彩。这些灰塑主要装饰在屋脊基座、山墙垂脊、廊门屋顶、厢房及庭院上。相较于造型独特，凹凸有致的陶塑装饰来说，灰塑一般比较平整，且图案花样更简洁，只为突出陶塑的精彩纷呈。泥塑在广东会馆中使用比例较小，可能是因为其硬度不够，容易破损。

二、广东会馆的细部特点

除了上述的"三雕两塑"之外，广东会馆内一般还有石碑、壁画和匾额等细部装饰（图 3-24）。虽然这些细部装饰所占的比重不大，但都是广东会馆建筑装饰文化中非常重要的组成部分。石碑一般都位于头门的内进，或者是中路庭院两旁的廊中。石碑记录着这座会馆兴建、维修和扩建的相关信息，以及捐资兴建商户的名录情况等。会馆内的壁画均为中国工笔画，主要作山墙内墙顶部的装饰点缀，每个厅堂会有不同的绘画内容。而匾额基本都由和会馆相关的社会各界人士捐赠。会馆内悬挂的匾额越多，就说明该会馆在当时的社会地位越高。

（a）梧州粤东会馆的石碑

（b）中渡粤东会馆的壁画

（c）百色粤东会馆的匾额

图3-24　广东会馆的其他细部装饰

第四节　广东会馆的比较研究

一、源流性——各类广东会馆建筑形态特征的相同点：广州府典型祠堂建筑风格原乡继承性表达

通过前面关于广东会馆总的建筑形态及特征分析，以及具体的建筑实例解析，可以看出广东会馆的建筑形态在很多方面都是可以从岭南广州府

的传统典型祠堂建筑中提取到原型母体的。拿广州陈家祠和广西百色粤东会馆这两座建筑进行对比，可以发现不管是头门正立面，还是庭院内的建筑观感，看起来几乎如出一辙（图3-25～图3-28）。广州府的宗祠建筑在明清前就已经形成了稳定的建筑形制、规模、特征和风貌，而包括广东会馆在内的中国传统会馆建筑最早也是在明朝才开始逐渐被建立，并且广东会馆最早就是起源于广州府地区。所以可以说，广东会馆的建筑形态是从广州府典型祠堂建筑风格中继承而来的。不管是头门最经典的石质梁柱构成的正立面样式，还是纵横的"进"与"路"和庭院、青云巷等构成的整体布局，广东会馆与广府祠堂建筑都有着非常相似的特征，两者之间有着密不可分的建筑特征关联性（图3-29～图3-32）。

图3-25　陈家祠头门老照片（1917年）

图3-26　陈家祠庭院老照片（1917年）

图3-27　百色粤东会馆头门

图3-28　百色粤东会馆前庭

图 3-29 广州陈家祠正立面解析

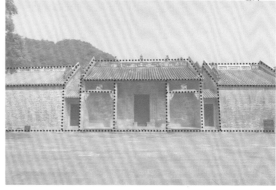

图 3-30 贺州英家镇粤东会馆正立面解析

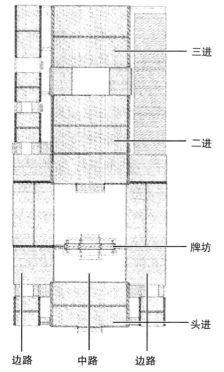

图 3-31 广州番禺南村光大堂总平面图 ①

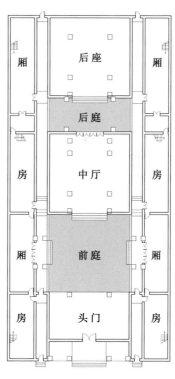

图 3-32 百色粤东会馆平面图

① 图片来源：冯江. 祖先之翼：明清广州府的开垦、聚族而居与宗族祠堂的衍变[M]. 北京：中国建筑工业出版社，2016：160.

　　并且广东会馆从广东本地传播到全国其他地区之后，所演变成的其他
子类型的广东会馆，还是和广东本土的广东会馆以及祠堂建筑有着很多的
相似之处。因此可以将各类广东会馆建筑形态特征的相同点归纳成，是广
州府典型祠堂建筑风格的原乡继承性表达。同时这些相同的特点，也是粤
商文化中建筑文化与建筑风格最生动的传承和体现。

1. "进"与"路"的建筑布局形制

　　如前文所述，用横向的"进"和纵向的"路"来描述广东会馆的建筑
布局形制（图3-33）。可以发现，绝大多数的广东会馆都可以清晰地用这
两个建筑维度来进行衡量。并且就所有现场调研和测绘的广东会馆来看，
最大的广东会馆也没有超过三路三进的规模，如南雄广州会馆和百色粤东
会馆。通常还有一些是一路三进的体量，如梧州粤东会馆。再看广州府祠堂，

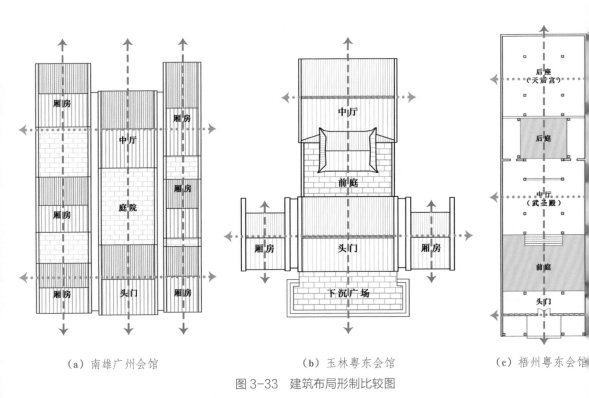

（a）南雄广州会馆　　　　　　　（b）玉林粤东会馆　　　　　（c）梧州粤东会馆

图3-33　建筑布局形制比较图

其大多数都为三路三进的典型式平面布局，但也有很多祠堂的进数或路数是超过3个的。所以广东会馆的整体建筑布局形制还是算比较保守和稳定的。

2. 石梁柱的头门正立面和石材的广泛运用

纵观大部分现存的广东会馆，第一进头门的正立面都展现出了惊人的相似性：面阔三开间，实体墙与大门的位置距离前檐口有一定的距离（图3-34～图3-36）。门前的左右开间砌筑有离地一定高度的石质基座，基座上有精美样式的柱础，分别承托起一根简洁挺拔的石柱，连接屋檐。左右开间的上方分别有一根水平横梁，横梁连接石柱和山墙，横梁上一般放置有一尊小的石狮子来连接横梁和屋檐。大门前左右各放置有传统圆形或方形的抱鼓石，头门两边的墀头多有各种丰富多样的装饰。

不仅是头门，石材在广东会馆的其他部位也是被广泛地运用。例如梁柱、门框、墙基、台阶、基座、柱础等处（图3-37～图3-39）。石材在岭南建

图3-34　乐昌广同会馆头门

图3-35　南宁粤东会馆头门

图3-36　钦州广州会馆头门

图3-37　玉林粤东会馆石基座

图 3-38　广州锦纶会馆石横梁

图 3-39　北流粤东会馆石柱础

筑中是很常用的建筑材料。从南宋起，一直到明清时期，石材都被广泛地运用在岭南地区的寺庙、祠堂、牌坊、桥梁等建筑物和构造物上，广东会馆当然也不例外。

　　广东地区常用石材作为建筑材料，总结起来可能有三点原因。第一是因为岭南山区盛产质地优良的花岗石，耐久经用，且不易破损，所以石材逐渐成为岭南地区主要的建筑材料。例如广东南雄广州会馆的外立面用的都是来自广东连州的"连州青"石材。第二，广东地处中国内陆南端，整体气候炎热潮湿，且降水量大，石材耐腐蚀和风化，也不怕风雨侵袭，而木材遇水容易腐烂且会生白蚁，因此石材在岭南地区是更好的选择。第三，广东地区面朝南海，常年会受到台风的侵袭，还有海风较大，建筑中较多地使用木材具有一定的局限性，所以多选用石材。这样不仅增强了建筑的稳固性，还可以较大程度地抵御台风和海风对建筑的破坏。

　　3. 硬山屋顶

　　硬山屋顶一般在北方建筑中更为常见，但是广东会馆也是大规模地使用，并且从头门、中厅到后座，几乎都是硬山屋顶（图 3-40、图 3-41）。

而且广州府祠堂大多数也为硬山屋顶。这足以说明，硬山屋顶是岭南地区传统建筑较为常用的屋顶形式。据相关学者的研究指出，形成这种普遍性特征的原因可能有两种，一是因为当时客家人由中原内陆迁徙到广东地区时，发现这地区最原始的建筑都是硬山屋顶，因此便开始模仿并一直沿袭下来。二是考虑到广东地区临海多风的自然环境，使用硬山顶可以减小强风对建筑物的破坏[①]。

图 3-40　贺州粤东会馆硬山屋顶　　　　图 3-41　钦州广州会馆硬山屋顶

4. 层次丰富、种类多样的细部装饰

不管是位于哪一条粤商文化传播路线下的广东会馆，其整齐规整的平面布局下，都在各处建筑细节上有着层次丰富、种类多样的细部装饰。从头门的梁架、石质梁柱构架，屋顶的脊饰，墀头装饰，再到庭院内基座、台阶和柱础，中厅和后座的室内屋架结构、前檐廊的卷棚顶，处处都体现着粤商文化中追求精致和细节之美的建筑文化（图 3-42 ～图 3-44）。

除此之外，几乎每一个广东会馆内都多多少少地有各种石碑、匾额、彩画，以及会馆大门的题名等（图 3-45 ～图 3-47）。这些装饰都是广东会馆细部装饰中必不可少的部分，也是可以体现出广东会馆历史意蕴以及粤商当时社会地位的真实物证。

---

① 杨大为．天津广东会馆保护综合研究[D]．天津：天津大学，2007：41．

图 3-42　百色粤东会馆细部装饰

图 3-43　梧州粤东会馆屋顶装饰

图 3-44　百色粤东会馆门窗装饰

图 3-45　乐昌广同会馆题名

图 3-46　中渡粤东会馆彩画

图 3-47　百色粤东会馆匾额

二、在地性——各类广东会馆建筑形态特征的不同点：粤商文化迁入地建筑风格融合差异性表达

会馆建筑衍生于民居建筑，又衔接和区别于官式建筑，可以说是一种很特殊的建筑类型。随着粤商和粤商文化在全国范围内的大规模、长距离、长时间地迁徙，广东会馆这一建筑类型也随之进行传播。其不仅在迁移的路线和流域沿线发生着潜移默化的演变，还在新的文化传入地重新扎根，与当地固有的建筑文化发生碰撞、交融和演化，在数百年间兼容并蓄，重新适应，发展出了一些新的广东会馆子分类。所以对于各类不同的广东会馆之间建筑形态特征的不同点，可以总结成是粤商文化迁入地建筑风格融合差异性的表达。

1. 产生变化的平面形制（戏楼的"显"与"隐"）

如前所述，大多数广东会馆的平面形制都可以用进和路来进行描述，并且多数的体量也是一路三进或是三路三进。但是粤商文化和广东会馆的传播范围太广，分布地域辽阔，有一些广东会馆所处的地理位置并不都是十分平整和自由，还有的是因为要兼顾一些特殊功能的需求，所以这些广东会馆的平面形制就因地制宜产生了一些变化。最突出的不同点是会馆内是否有戏楼。两广地区的广东会馆普遍都是没有戏楼的，而东部沿海地区和川渝地区的广东会馆一般是有戏楼的。

例如天津广东会馆，因为建造的时候，就将规模较大的戏楼考虑在建筑之内，所以建筑戏楼的前后有很多专门为服务戏剧演出而设计的廊道，戏楼还有局部二层的地方，也是为了给戏台作附属用房（图3-48）。因此天津广东会馆的平面看起来虽然也就只有一路，但是这一路上的每一进建筑都是包括有主体建筑和两边的廊道、厢房等附属建筑。天津广东会馆的平面布局和其他的广东会馆还有不同的地方。它的左右山墙外还各有一条通道，然后才是最外圈的围墙。这是因为最原始的天津广东会馆是一组建筑群，

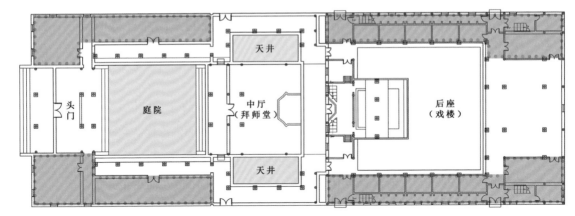

图 3-48　天津广东会馆中的附属用房

由照壁、会馆、南园、广业公司、同乡宾馆和东院等部分组成，现存的会馆建筑是这组建筑的主体，围绕着主体的会馆建筑来组织整个建筑群的交通流线和功能布局，因此才会在会馆建筑的两侧设置这样的通道。

　　而川渝地区的南华宫普遍都是具有戏楼的（图 3-49、图 3-50）。这也是广东会馆的平面功能布局随着粤商文化传播到川渝地区后，所发生的融合差异性表达。戏楼可能是川渝地区传统会馆建筑乃至大多数公共建筑的必备建筑元素。并且川渝地区的会馆建筑中，通常将戏楼与主入口设置在一起，正面为主入口，背面就是戏楼。主入口通常有山门和牌坊两种形式，主入口设置在正中间，也位于戏楼的下方。穿过主入口，来到第一个庭院或天井，向后看，便是戏楼的正立面。这种巧妙的建筑空间组合形式，在川渝地区的很多会馆建筑中都有体现（图 3-51～图 3-54）。

图 3-49　四川自贡贡井南华宫戏楼

图 3-50　四川自贡仙市古镇南华宫戏楼

图 3-51　四川宜宾李庄古镇天上宫主入口

图 3-52　四川宜宾李庄古镇天上宫戏楼

图 3-53　四川自贡西秦会馆主入口

图 3-54　四川自贡西秦会馆戏楼

再比如四川成都洛带南华宫，它的主体是三进两天井的建筑部分，但是用于建造南华宫的宅基地面积较大，前后进深距离大，东西开间距离一般，也不适合将建筑的整体形制直接扩大，所以当时建造的粤商结合洛带古镇的实际功能，以及巴蜀地区常见的戏楼建筑，将基地的后半部分做成了开敞的庭院、戏楼与廊道厢房形式，整座会馆的后门被巧妙地设置在戏楼的下方（图3-55）。于是整座会馆的后半部分就成了古镇中用于看戏和演出的公共活动空间，同时也给观赏三进两天井主体建筑提供了一定的视觉距离。可谓是喧闹的古镇街巷中所隐藏的第二重公共集体场所，充分反映了当时古人建造的智慧和设计的巧思。洛带南华宫还有一点不同，由于主体建筑之间的空间尺度十分局促，所以并没有采用川渝一带的院落式建筑多采用大庭院来达到通风散潮气的作用，而是采用了狭窄的天井。

2. 不同形式的结构体系

广东会馆建筑的结构体系一般是根据粤商文化不同的迁徙路线传播到不同地区后，顺应当地传统建筑的结构进行演变的。例如在两广地区的广东会馆，通常是和广州府祠堂一样，屋面下的

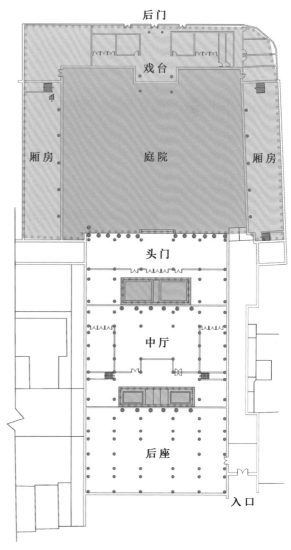

图3-55　洛带南华宫中的庭院和天井

木构架是抬梁式厅堂结构，并且全部采用的是露明梁架，即室内所有的构架全部都展现出来。这种抬梁式的结构，可以形成较为宽敞的室内空间，对于追求开敞的商业议事空间和礼仪祭祀空间来说，是非常好的结构形式。

而到了巴蜀地区的南华宫，室内多采用穿斗式的构架。穿斗式的木构架整体尺寸小且密集，主要是因为巴蜀地区多产木材但是普遍不够高大。穿斗式构架主要是用柱子而非梁来承托檩条，再用穿枋连接起柱子，共同组成屋架结构。虽然穿斗式的结构不能形成抬梁式那样的开敞空间，但是在柱网布置时具有很大的灵活性，可以解决移柱和减柱等问题。

除此之外，在南华宫还有另一种结构形式：抬担式列子。这种形式与抬梁式结构略有区别。抬担式是柱上直接放檩，而梁则放置于柱中，梁上面再放短柱，柱上再承托檩。这时候的梁既能当作穿斗式构架中的穿枋，又能够支撑起短柱。例如洛带南华宫中厅就采用的这种抬担式构架（图3-56）。

图 3-56　洛带南华宫中厅梁架

3. 不同风格的山墙样式

在建筑外观方面，各类别广东会馆最大的不同就是各类风格的山墙样式。因为山墙通常比建筑单体本身要高一些，且一座会馆有很多山墙面，这些山墙面组合在一起，就形成了整座会馆最为引人注目的建筑外立面形象。

如前文所述，广东会馆的山墙样式大概可以分为四类（图3-57～图3-60）。前两类的三角直线山墙和镬耳山墙，多见于岭南两广地区。其中三角直线山墙是最常见的样式。云朵状多曲线山墙多见于川渝地区的南华宫。而带卷棚顶微曲山墙则基本见于北方的广东会馆之中。

这些不同风格的山墙样式，主要还是多由广东会馆迁入地的当地建筑风格风貌来影响和决定的。

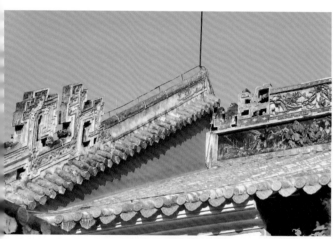

图 3-57　三角直线山墙

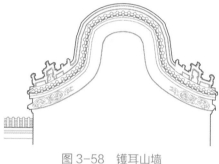

图 3-58　镬耳山墙

图 3-59　云朵状多曲线山墙

图 3-60　带卷棚顶微曲山墙

4. 有所区别的细部装饰

广东会馆的整体形制和规格较为简单整齐,所以粤商当时在修建的时候,着力将资金和技术投入到各处建筑部位的细节装饰中。但是南北方广东会馆的细部装饰在某些方面还是有所区别。

1) 南方的广东会馆屋脊装饰丰富,而北方的较少

南方广东会馆屋面上的屋脊装饰非常丰富,层次分明,用色鲜艳(图3-61)。从正脊开始,一般由一层灰塑和多层陶塑组成,并且正脊的正中间部位还会矗立一组更加突起的陶塑雕像,形成带有主次的屋脊轮廓线。侧脊上的装饰也很丰富多彩,例如在靠近侧脊的最底端有用陶塑做成的回形纹,一般体积比正脊上的雕像还要大,高度更高。最后是墀头部位,通常墀头部位的屋檐上方会放置一尊灰塑的神像或者是动物塑像,屋檐下会有精美的砖雕嵌入墀头中。可以说,要看南方广东会馆的细部装饰,一般都是需要抬头看屋檐以上的部分,完全是不一样的精彩纷呈的建筑艺术世界。

图 3-61　南方广东会馆的屋脊装饰

而受到北方整体建筑装饰艺术风格的影响，位于北方的广东会馆，其屋脊上的装饰普遍要简洁得多，颜色也较为素净（图3-62）。一般用灰塑较多，且花纹的立体程度也较低，一般以单一的花纹样式重复为主。

图 3-62　北方广东会馆的屋脊装饰

2）北方广东会馆为清水砖墙，磨砖对缝做法；南方的清水砖墙灰缝较大，不做磨砖对缝

虽然南方与北方的广东会馆的主体建筑外立面都是用青砖砌筑，但是砌筑方法和细节处理略有差别（图3-63、图3-64）。北方的广东会馆墙体是清水砖墙，磨砖对缝，为北方官式建筑的做法。而南方的清水砖墙灰缝较大，不做磨砖对缝[①]。

图 3-63　北方广东会馆的清水砖墙　　　图 3-64　南方广东会馆的清水砖墙

---

① 杨大为. 天津广东会馆保护综合研究[D]. 天津：天津大学，2007：46.

第四章
广东会馆的
建筑实例

在对广东会馆总的建筑形态及特征进行归纳和总结后，本章节根据前面的分类，选取几大子分类里具有代表性的建筑进行详细的实例解析（表4-1），主要是对它们的历史沿革与地理区位，还有建筑现状与特征进行分析研究。

表4-1 选取的广东会馆（以及演变）建筑实例

类别	建筑名称	位置	文物保护级别
广西地区的广东会馆	百色粤东会馆	广西壮族自治区百色市右江区	国家级
	梧州粤东会馆	广西壮族自治区梧州市龙圩区	自治区级
	玉林粤东会馆	广西壮族自治区玉林市玉州区	市级
川渝地区的广东会馆	洛带南华宫	四川省成都市龙泉驿区洛带古镇	国家级
内河北上线沿线地区的广东会馆	南雄广州会馆	广东省韶关市南雄市	省级
东部沿海地区的广东会馆	天津广东会馆	天津市南开区	国家级
广东会馆的演变建筑	船埠护龙庙	广西壮族自治区玉林市福绵区船埠村	市级

第一节 广西地区的广东会馆建筑实例
——百色、梧州、玉林粤东会馆

一、百色粤东会馆

1. 历史沿革与地理区位

百色位于右江沿线，虽地处广西的最西部，距离广东甚远，但是凭借西江—右江的黄金水道，也可以顺利快速地从广东到达百色（图4-1）。并且百色地处广西与云南、贵州的交界地带，是三省区商贸往来的枢纽。在明清时期，还是有相当规模数量的粤商顺着西江水运体系来到百色经商，从事商品贸易往来。

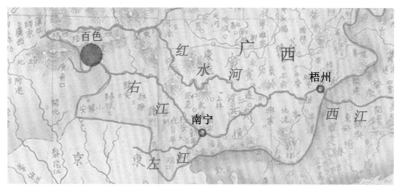

图4-1　百色地理区位图

（基于《1874年增补清国舆地全图》改绘）

　　百色粤东会馆位于百色市右江区解放街39号（图4-2），初建于康熙五十九年（1720年），在道光二十年（1840年）和同治十一年（1872年）经历了两次较大规模的扩建和修缮。1929年，邓小平等人就是从这座粤东会馆开始，发起了轰动全国的百色起义。如今的粤东会馆整体建筑保存完好，是中国工农红军第七军军部旧址，其不仅是全国重点文物保护单位，还是全国爱国主义教育基地，在彰显着独特传统建筑艺术魅力的同时，也积极发挥着爱国主义的教育功能[①]。

　　百色粤东会馆内完整保留着记录会馆数次建设和修缮情况的石碑，一共19块。其中《重新鼎建百色粤东会馆碑记》系列石碑有8块（图4-3），主要记载了百色粤东会馆的方位、朝向、建立时的社会环境、修缮的时间和缘由，还有修缮的收支明细。这一系列的石碑不仅清晰记录了百色粤东会馆的历史

---

① 黄蔚林．广西百色粤东会馆的红色历史[J]．岭南文史，2018（1）：76-80．

图 4-2　百色粤东会馆区位图

图 4-3　《重新鼎建百色粤东会馆碑记》石碑

沿革，粤商与粤东会馆之间的密切联系，还展示出粤商在百色经营商贸的活跃，粤商与粤东会馆在当时百色社会上所具有相当大的影响力[①]。

① 黄蔚林. 道光二十年《重新鼎建百色粤东省馆碑记》系列石碑考析[J]. 文物鉴定与鉴赏，2019（9）：5-9.

2. 建筑现状与特征分析

1) 建筑布局与功能

百色粤东会馆是标准的广东会馆范式布局，三路三进，中轴线对称，中路上有头门、中厅、后座三个单体建筑，前、后两个庭院。左、右两个边路几乎全是厢房等附属用房。三条边路之间夹有两条青云巷。整体建筑纵横规整，布局严谨对称，主次建筑层级分明（图4-4）。

从中路的纵剖面来看，虽然整体建筑处在平地上，但为了烘托出整体的序列关系以及三进建筑之间的递进层级，从头门开始，一直到后座结束，在修建时还是着意依次升高了基座的标高（图4-5）。中厅前的前庭比后庭院要更开阔一些，适应举办各类大型公共活动的功能需求。

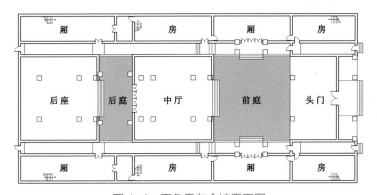

图4-4 百色粤东会馆平面图

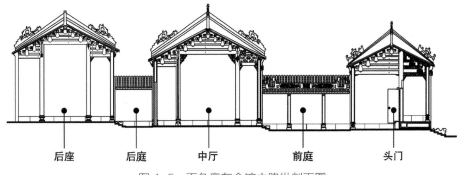

图4-5 百色粤东会馆中路纵剖面图

　　会馆中路上的三个单体建筑都是面阔三间（图4-6～图4-9）。头门是整座会馆的门脸，主要为迎宾和展示粤商文化的前沿窗口。中厅是整座会馆的中心建筑，是当年粤商议事聚会的场所。后座主要为祭祀空间，室内摆放着财神爷关公的雕像。左右两边路的建筑基本都为厢房，大部分为两层，主要负责生活起居等附属功能。

图4-6　百色粤东会馆头门正立面

图4-7　百色粤东会馆头门背立面

图 4-8　百色粤东会馆中厅

图 4-9　百色粤东会馆后座

2）结构体系

百色粤东会馆建筑的三座主要单体建筑均为金柱间施九架梁结构，屋面下的木构架为抬梁式（图 4-10～图 4-12）。头门为九架四柱出前檐廊，梁架上的瓜柱下骑横梁，上托梁头。中厅为九架四柱山墙承檩，以瓜柱抬梁，毅出轩廊，前廊还用了卷棚顶，卷棚下施穿插枋、月梁、驼峰、斗拱。后座也是九架四柱承重，瓜柱抬梁。

113

图 4-10　头门梁架结构　　　　图 4-11　中厅梁架结构　　　　图 4-12　中厅卷棚顶

3）装饰艺术

百色粤东会馆的建筑装饰艺术主要集中体现在会馆各处的雕塑和绘画艺术上，丰富多彩的细部装饰不仅是粤商文化的生动展现，也是当时传统建筑文化精雕细琢、风格华丽考究的见证。

百色粤东会馆中木雕最精彩的部分，当属头门前檐梁架上的木雕。数量多，规模大，内容形式也丰富，不仅在中间的梁架上有，在贴近墙的梁架上也有精美繁复的木雕，在众多广东会馆算比较少见的，可见百色粤东会馆装饰的繁华。头门梁架上的木雕，主要表现各路英雄会聚一堂的主题，有民间传说、历史故事，特别是《三国演义》里面的场景等（图 4-13、图4-14）。石雕在百色粤东会馆各处都可见，主要体现在柱础、台阶、梁枋、

图 4-13　头门梁架木雕　　　　　　　　图 4-14　木雕细节

石横梁等部位（图4-15～图4-18）。特别是柱础，百色粤东会馆中的柱础形式非常多样，石柱本身一般没有太多雕饰，所以不同式样的柱础把光洁修长的石柱衬托得更为秀美（图4-19）。砖雕在整体装饰中的比例虽然较小，却是画龙点睛之笔，尤其是以主要单体建筑墀头处的砖雕最为出彩（图4-20）。

图4-15　台阶处石雕

图4-16　石横梁及石狮

图4-17　石雕细节

图4-18　头门抱鼓石

（a）　　　　　　（b）　　　　　　（c）　　　　　　（d）　　　　　　（e）

图4-19　多样形式的柱础

图 4-20　头门墀头处砖雕

陶塑主要使用在屋脊装饰上，百色粤东会馆有 5 条主要的陶塑脊饰，分别在 3 座主体建筑和两边路的女儿墙上。每条脊饰上的陶塑主题都不一样：有的是以多组传统戏曲中有代表性的场景故事组合，形成一长串连景式的装饰；有的是一组人物形象作为主题放置在中心，两边配以其他形式的内容。灰塑装饰在百色粤东会馆中也普遍使用，主要的灰塑脊饰图案有"江山稳固、琴棋书画、五伦全图、暗八仙、凤戏牡丹、太师少宝、群仙庆寿、太狮少狮、荷花纹饰"等。具体如图 4-21～图 4-25。

图 4-21　陶塑脊饰（一）

图 4-22 陶塑脊饰（二）

图 4-23 陶塑装饰

图 4-24 屋脊灰塑和陶塑装饰（一）

图 4-25 屋脊灰塑和陶塑装饰（二）

除了这些装饰，百色粤东会馆内还保留有 15 块匾额，都是明清时期社会各界人士题写或捐赠给会馆的贺匾，这些也是粤东会馆文化的重要组成部分（图 4-26）。

图 4-26　会馆内的匾额

二、梧州粤东会馆

1. 历史沿革与地理区位

如前文所述，梧州所处的区位条件非常优越，不仅是广东与广西的分界点，而且西江流域的几条主要水系，最终都在梧州汇合，再继续流向广东。发达的水系网络和便利的航运交通，为梧州带来了"千年岭南重镇"、"百年两广商埠"的繁荣（图 4-27）。

梧州粤东会馆，位于梧州市龙圩区忠义街，初建于清康熙五十三年（1714年），于乾隆五十三年（1788 年）进行了重建。梧州粤东会馆是粤商在广西境内建立较早的会馆之一，这也和梧州十分靠近广东的地理区位有关，梧州也是粤商在广西开发和经营得较早、较成熟的市场重镇。梧州粤东会馆于 1994 年被评为广西壮族自治区文物保护单位。经过几次大的修复，会馆整体恢复了基本原貌，于 1999 年重新向公众开放。笔者于 2019 年 10 月前往现场调研时，梧州市有关文物部门正在对粤东会馆的局部进行日常修缮和维护。

图 4-27　梧州地理区位图

　　梧州粤东会馆内保存有完好的《重建粤东会馆碑记》，现存于粤东会馆中厅与后座之间的走廊处。碑记中明确记录了粤商当时来到此地经商以及建立这座会馆的情景，还记述了当时两广之间的经商交流、有关行业及商号等情况（图 4-28）。

图 4-28　梧州粤东会馆中的《重建粤东会馆碑记》

2. 建筑现状与特征分析

1）建筑布局与功能

如《重建粤东会馆碑记》中记载，"地故有关夫子祠，享一圩香火，亦吾东人之所建也。康熙五十三年，更祠为会馆"，梧州粤东会馆的前身为关夫子祠堂。整体布局只有一路，共三进建筑，头门、中厅和后座，再带前后两个庭院。会馆整体占地面积1 300多平方米，建筑面积约为600平方米。中厅也称作武圣殿，祭祀的是关公，后座是奉祀天后妈祖的天后宫（图4-29、图4-30）。这也很好地体现了前文所说的，粤商文化的神祇信仰具有同一性特征，会祭祀全国大部分地区共同信奉的一些神灵。这里还能体现出广东会馆内神灵崇拜的多样性，即一座会馆内并不会只祭祀单一的一种神灵。

图4-29 武圣殿中的关帝像　　　　图4-30 天后宫中的妈祖像

从空间序列上来看，从头门到后座，其建筑基座是越来越高的，尤其是最后一座天后宫，是整个粤东会馆中体量最大的一座单体建筑（图4-31～图4-36）。三座单体建筑都为硬山顶，人字形山墙，灰瓦屋面，青砖墙面，抬梁式结构。其中二进中厅和三进后座的前侧檐廊都使用了卷棚顶形式，主体结构由木结构体系和石柱结合支撑。

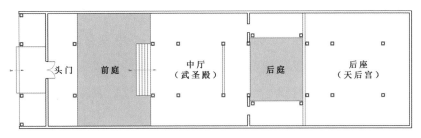

图 4-31 梧州粤东会馆平面图

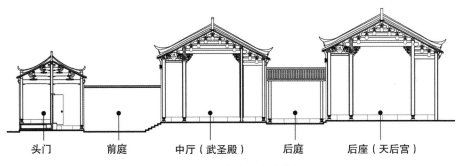

图 4-32 梧州粤东会馆中路纵剖面图

图 4-33 梧州粤东会馆头门正立面

图 4-34 梧州粤东会馆头门背立面

图 4-35 梧州粤东会馆中厅

图 4-36 梧州粤东会馆后座

2）建筑风格与细部装饰

梧州粤东会馆的建筑装饰虽然没有前面的百色粤东会馆那么丰富多彩，但是整体呈现出一种淡雅稳重的建筑气质，各处的细节装饰也是十分精巧和用心。檐梁和木结构梁架上的木雕颜色普遍较深，多为棕黑色的木色，可能也是后期文物部门进行修缮时重新粉刷的颜色（图4-37、图4-38）。石雕在整座会馆中运用得比较普遍，如头门石基座的侧壁、柱础、台阶以及庭院内摆放的石质佛龛等（图4-39～图4-42）。屋脊上的装饰多用灰白两色，并且多用质朴的灰塑来做脊饰，并未较多地使用五颜六色的陶塑（图4-43～图4-45）。梧州粤东会馆的整体建筑风格与装饰显得古朴，并且拥有华丽的细节之美（图4-46）。

图 4-37　梁架木雕（一）

图 4-38　梁架木雕（二）

图 4-39　石基座石雕

图 4-40　石质柱础

图 4-41　石质佛龛

图 4-42　墀头砖雕

图 4-43　屋脊装饰

图 4-44　侧脊装饰

图 4-45　屋脊灰塑

图 4-46　檐口细节

三、玉林粤东会馆

1. 历史沿革与地理区位

南流江、北流江均发源于玉林境内,其流向分别向南和向北,因此而得名。南流江是广西独流入海的最大河流,于合浦党江注入北部湾海域。北流江流经北流、容县、藤县,汇入浔江。从北部湾海域经南流江可以深入广西内陆腹地,到达玉林后,转陆路的官道,再走北流江的水路,可以快速抵达浔江和西江。除了借助西江流域通往广西大部分地区和珠江三角洲以外,还可以从梧州顺着桂江—漓江—灵渠这一水路通道连通湘江,并到达湖广区域。因此,自秦汉以来,南流江、北流江就以其优越的地理区位和交通条件,成为南方海上丝绸之路的出海通道。而作为这一条大通道上重要转折点的玉林,就更加成为商贸重镇(图4-47)。

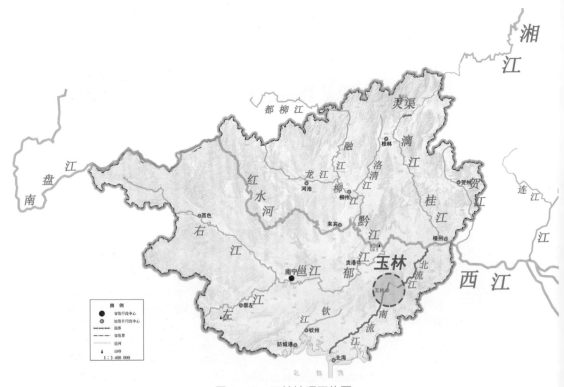

图 4-47 玉林地理区位图

玉林粤东会馆位于玉林市玉州区大北路 32 号大北小学内，初建于明代，原址在玉林城别处，清乾隆六十年（1795 年）迁建至此，又在光绪四年（1878 年）进行了扩建[①]。目前玉林粤东会馆为大北小学的头门建筑，小学主入口即设置在会馆头门的右侧。玉林粤东会馆于 2006 年被列为玉林市文物保护单位。

2. 建筑现状与特征分析

在 1878 年的扩建后，会馆最终形成三进三路两庭院的格局，目前仅存中路上的两进和两个边路上的第一进建筑，整体保存情况一般（图 4-48、图 4-49）。

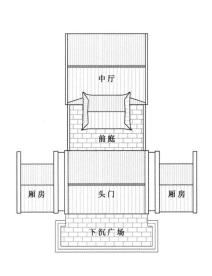

图 4-48　玉林粤东会馆总平面图

图 4-49　玉林粤东会馆航拍图

① 于少波. 清代民国粤商对玉林社会的影响与作用：基于玉林粤东会馆相关文物遗存的实证研究[J]. 玉林师范学院学报，2018，39（4）：26-31.

1）建筑布局与功能

玉林粤东会馆的单体建筑与其他粤东会馆最大的不同之处在于，其中厅前多了一个抱厦，这在别的粤东会馆当中都没有见到。该粤东会馆整体为砖木结构，硬山顶，山墙为岭南传统的镬耳式，小青瓦铺设的屋面，青砖墙面，抬梁式构架（图4-50～图4-53）。进入头门前，有一个下沉广场。头门也为经典的广府公共建筑风格样式，石质和木质梁架相结合，头门前的左右开间砌有一定高度的石基座，基座上石柱承托屋面。

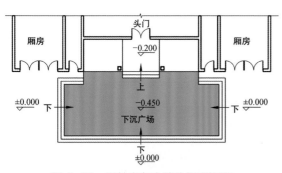

图 4-50　玉林粤东会馆头门平面图

图 4-51　玉林粤东会馆正立面

图 4-52　中厅前抱厦

图 4-53　头门石梁架体系

2）建筑风格与细部装饰

仅仅伫立在头门前，就已经可以感受到整座粤东会馆精美复杂的建筑特色。头门所大量运用的石材为花岗岩，整体气氛显得庄重，石质檐柱梁枋斗拱之间，雕刻有花鸟、人物等精美的图案。檐口的位置有着凹凸有致的石雕和砖雕，柱础、台阶侧边和基座底部，都有着花纹风格多样的雕刻样式。屋顶正脊的装饰更为精美和繁复，总共可分为 3 个层次。最上面的两条金龙簇拥着正中间的明珠，演绎出"双龙戏珠"的热闹场面；中间依次排列出各色各样的人物群像，展现着不同历史和神话故事中的场景；最下层是山水风景彩绘雕刻，通过照片也可以看出都不是简单的平面样式，而是带有凸起的雕刻工艺。具体细部装饰如图 4-54 ～图 4-62。

图 4-54　台阶石雕细节

图 4-55　石质柱础

图 4-56　头门梁架木雕

图 4-57　屋脊装饰

图 4-58　屋脊陶塑

图 4-59　屋脊装饰细节

图 4-60　墀头装饰（一）

图 4-61　侧脊陶塑

图 4-62　墀头装饰（二）

整座粤东会馆最让人过目不忘的还是它的镬耳山墙，不仅中路上主体建筑的山墙为镬耳式，两个边路上的厢房也是镬耳山墙（图4-63、图4-64）。可以想像，当年三进三路完整格局都存在的时候，所有的镬耳山墙组合在一起所呈现出来的宏伟壮观的景象。并且镬耳墙作为一种典型的广府建筑元素，在玉林的粤东会馆里得到充分运用，也可以说明当时粤商文化顺着水陆联运的迁徙路线传播到了玉林。

图 4-63　镬耳山墙

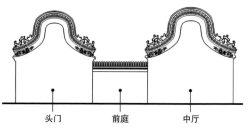

图 4-64　镬耳山墙立面图

第二节　川渝地区的广东会馆建筑实例 ——洛带南华宫

一、历史沿革与地理区位

明清时期，各种集市场镇在四川盆地竞相兴起。而作为商业据点的会馆，也在各大场镇中建立。会馆不仅成为场镇商贸繁荣的象征，也成为很多场镇的中心地标性公共建筑。洛带古镇位于四川成都市东郊，农业和商贸运输等持续繁荣，是成都平原上扼守商贸流通的重镇。洛带古镇大多数的居民都是明清时期"湖广填四川"运动迁徙而来的移民及其后代，包括广东商民在内的很多外省移民都选择在此安家落户，并逐渐开始经营商业贸易。于是各省籍商人便开始在洛带古镇兴建自己的同乡会馆。一时间，洛带古镇成为川渝地区会馆最为集中的场镇之一，至今仍有湖广会馆、南华宫、江西会馆、川北会馆四座保存较好的会馆建筑。

洛带南华宫位于成都市龙泉驿区洛带古镇，是整个古镇中规模最大、保存最完好的一座会馆。洛带古镇会馆群都属于国家重点文物保护单位。洛带南华宫由广东籍客家人捐资兴建，初建于清乾隆十一年（1746年）。会馆内有一幅石刻楹联保存完好，内容为"云水苍茫，异地久栖巴子国；乡关迢递，归舟欲上粤王台"。这一楹联深切反映出粤商从广东跋山涉水迁徙到四川的艰辛和浓厚的思乡之情[①]。

二、建筑现状与特征分析

清朝末年，会馆大部分建筑毁于大火，民国时期1913年进行了重建。当地文物部门在近些年又对南华宫进行了数次维修和保护。目前各部分建筑保存较好。

1. 建筑布局与功能

南华宫坐西北，朝向东南。大门万年台已损毁，现由三进两天井、庭院与两边厢房、后门戏台等部分组成（图4-65～图4-69）。总占地面积为3 200多平方米，现存建筑总面积约为1 000平方米。南华宫的入口面对街道，沿街从西侧门进入，这种入口形式非常少见。穿过长廊后来到豁然开朗的庭院，三进两天井的主体建筑部分映入眼帘。院落十分宽敞，东西两侧由厢房围合。

---

① 胡斌，陈蔚，熊海龙. 四川洛带客家传统聚落建筑与文化研究[A]//中国民族建筑研究会. 中国民族建筑研究会学术年会暨第二届民族建筑（文物）保护与发展高峰论坛会议文件[C]，2008：8.

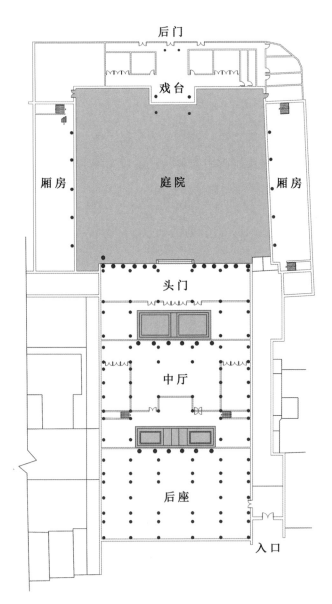

后门

戏台

厢房　　　庭院　　　厢房

头门

中厅

后座

入口

图 4-65　洛带南华宫平面图 ①

图 4-66　南华宫沿街入口

图 4-67　南华宫入口长廊

图 4-68　南华宫庭院

图 4-69　南华宫街景

---

① 洛带南华宫的平立剖图绘制参考了：钟洁. 成都洛带客家建筑文化研究[D]. 成都：
　四川大学，2006：72-73.

头门面阔五开间，单檐卷棚式，屋顶为绿色琉璃瓦，山墙为三道曲线的花草图案封火墙。中厅为单檐硬山屋顶，也是五开间，青瓦屋面。后座是最主要的建筑，为两层的重檐歇山式建筑，下檐为硬山，上檐为歇山式阁楼。三座主体建筑之间，构成前后两个天井。由于主体建筑之间的空间尺度十分局促，所以并没有采用川渝一带的院落式建筑多采用大庭院来达到通风散潮气的作用，而是采用了狭窄的天井空间①。如图4-70～图4-74。

图4-70　洛带南华宫纵剖面图

图4-71　主体建筑头门

图4-72　后门及戏台

① 傅红，罗谦. 剖析会馆文化透视移民社会：从成都洛带镇会馆建筑谈起[J]. 西南民族大学学报（人文社科版），2004，25（4）：382-385.

图 4-73　后座歇山阁楼　　　　　　　　图 4-74　天井内部

　　洛带南华宫主体建筑的结构形式主要为卷棚式和抬梁式两种，一般单体建筑的室内为抬梁式，入口的檐廊处为卷棚顶（图 4-75、图 4-76）。除此以外，洛带南华宫中还有另一种结构形式：抬担式列子。这种形式可以理解为抬梁式和穿斗式的结合。

图 4-75　抬梁式结构　　　　　　　　　图 4-76　卷棚顶结构

2. 建筑风格与细部装饰

　　洛带南华宫三进两天井主体建筑群的两边，用砖砌筑封火高墙，每一边的山墙顶部，又耸立三墙半圆形巨壁，高低参差，曲线优美，雄伟奇观。这封火墙也使得南华宫成为整个洛带古镇中最引人瞩目的建筑（图 4-77～图 4-79）。

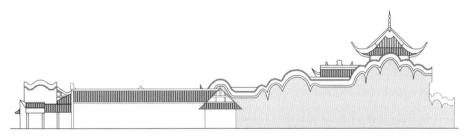

图 4-77　洛带南华宫立面图

图 4-78　俯瞰南华宫

图 4-79　古镇中的南华宫远景

　　洛带南华宫屋脊上的装饰相较于两广地区的广东会馆来说，显得略微朴素，但也不失淡雅的建筑气质（图4-80、图4-81）。后座歇山阁楼上的屋顶脊饰可以说是整座南华宫中最为绚丽多彩的，主要色调保持和阁楼屋顶一致的金黄色，同时在正中央装饰有压顶的繁复陶塑，正好也衬托出整座建筑中最高的这条屋脊。后门戏台屋顶上的装饰则更显得淡雅。脊饰整体用灰塑打造，为灰白色，在正中央结合蓝白色的瓷器，共同塑造出超凡脱俗的建筑装饰，别有一番韵味。

图4-80　屋脊装饰（一）　　　　　　图4-81　屋脊装饰（二）

　　除了错落有致的山墙和清新淡雅的屋顶装饰外，洛带南华宫内的其他建筑细节也很丰富（图4-82～图4-87）。不论是吊瓜、撑拱还是卷棚顶下的梁架，都装饰有细节丰富的木雕。主体建筑后座的沿街墙面上刻有大面积的石雕，内容以反映人们辛苦劳作的大场景为主题，热闹非凡。主体建筑的墀头上也充满了各种细节，主要为戏曲人物和花鸟虫鱼等精美的图案。

图4-82　吊瓜细节　　　　　　　　图4-83　撑拱细节

图 4-84　木雕装饰

图 4-85　石雕装饰

图 4-86　墀头细节（一）

图 4-87　墀头细节（二）

第三节　内河北上线沿线地区的广东会馆 建筑实例——南雄广州会馆

一、历史沿革与地理区位

粤赣交界处的广东韶关南雄市，地处五岭之一的大庾岭南麓。凭借开凿的梅关古道和乌迳古道，再加上原有的水路条件，南雄拥有得天独厚的地理位置条件，素有"枕楚跨粤，为南北咽喉"之称（图4-88）。在明清时期，南雄逐渐成为沟通南北，连接广东与祖国内陆地区的重要商贸集镇。北江干流的上游段浈江穿南雄城而过，顺江而下，成为北江，并汇入珠江。南雄往北，通过梅关古道（图4-89）穿越大庾岭，可通往江西赣州大余县，进入赣江流域，再接入鄱阳湖及长江流域。而通过乌迳古道连接江西赣州信丰县，也可以快速到达赣江流域。如此便捷的水路交通条件，使得南雄成为各地商帮和商品物资云集的商贸重镇。而南雄也成为粤商开拓广东内陆商贸市场的重点区域，和前往祖国更深处腹地经商途中的重要中转站。

　　由于南雄位于北江干流沿线，可以快速沿北江到达广州府，所以明清时期往来穿梭于南雄的粤商中以广府人的数量最多。为了联络乡情，更好地巩固贸易市场，方便商品交易，明代中叶，广府商人集资修建了南雄广州会馆。

图4-88　南雄地理区位图

图 4-89　南雄梅关古道

南雄广州会馆坐落在南雄市区青云东路 123 号，位于浈江沿岸。该广州会馆在明代中叶初建后，于清乾隆二十一年（1756年）进行了重建。再到光绪九年（1883年），其间又经历了 4 次修缮。民国时期作为广仁小学使用，一直到 1999 年，学校迁址搬走。南雄广州会馆于 2002 年被列入第四批广东省文物保护单位。

二、建筑现状与特征分析

1. 建筑布局与功能

南雄广州会馆坐北朝南，整体建筑原为三进三路式布局，占地面积 3 800 多平方米（图 4-90、图 4-91）。20 世纪 90 年代，损毁严重的第三进建筑单体被拆，只留下头门和中厅的两进，但是左、右两个边路还是保留较好。并且与大部分广东会馆的对称布局不同，南雄广州会馆的左右两个边路开间不一样宽，左边路是三开间，右边路只有一开间。虽然会馆内记录当时捐资修建信息的石碑已经模糊不清，无法辨认，但是通过现存的格局的建筑实体，还是能够感受到当时辉煌的粤商文化以及粤商在当时南雄商贸版图中占据的重要地位。

除了头门和中厅这位于中路主轴线上的两栋单体建筑之外，南雄广州会馆的两个边路还保留有很多厢房。这些附属用房主要提供住宿功能，并且会馆内厨房和水井等生活设施一应俱全，广府商人和同乡客民在会馆住宿暂居、开会议事等都非常方便。除了这些，广州会馆在当时还为有困难和有需要的广府同乡提供临时救济、临时住宿、协商丧葬、寄存棺木等服务。可以说，广州会馆成为广府商民在南雄经商贸易、生活工作和纾困解难的大本营。

图 4-90 南雄广州会馆正面全貌

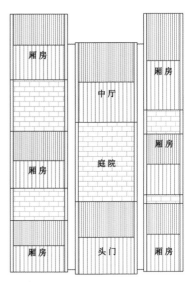

图 4-91 南雄广州会馆总平面图

2. 建筑风格与细部装饰

南雄广州会馆的头门具有典型广府公共建筑的范式特征,大门前两侧砌筑平台,台上置石质的檐柱,左右开间的石柱之间由水平的石梁连接,柱头上通过木质梁架与门墙和屋面相连(图 4-92、图 4-93)。南雄广州会馆最有建筑特色的当属它的山墙(图 4-94)。中路的封火山墙为"五岳朝天式",是典型的中原江淮地区建筑风格,而东路和西路则是岭南地区常见的"镬耳式"山墙。如此南北融合的山墙风格并不多见,这更能体现出粤商南来北往,从而吸取各方建筑精华的特色。

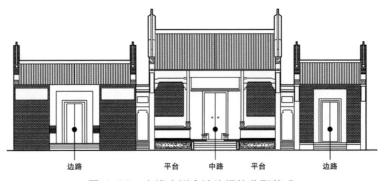

图 4-92 南雄广州会馆头门的典型范式

图4-93　南雄广州会馆头门

图4-94　南雄广州会馆山墙

　　南雄广州会馆的建筑外立面多用石材，主要是采用来自广东连州的"连州青"石材来砌筑。台阶、石柱、石雕、砖雕、木雕等建筑装饰细腻精致，蕴含着丰富的建筑文化内涵（图4-95～图4-97）。头门的台基处，有能工巧匠雕琢的鱼鼓、宝剑、笛子、葫芦等八仙法器，被人们称为"暗八仙"。梁架上的木雕装饰更是丰富，《水浒传》、《三国演义》等名著里的经典人物形象和故事经匠人之手生动再现。此外，还有反映市井风情的雕饰，人物的衣着细节和表情动作都栩栩如生。

图 4-95 大门前抱鼓石

图 4-96 台阶处石雕

图 4-97 头门梁架木雕

头门的门额石匾刻有岭南近代思想家陈澧题的"广州会馆"四个大字，字体遒劲有力。中厅前石质檐柱上还有清咸丰年间的探花李文田作的一副长联："灵迹遍区中览粤会东环拱极遥涵海国；雄州开岭表沔浈流南汇朝宗咸卫仙城。"这是在描述南雄与广州山水相连、渊源深远的关系。从这两处题字也可以看出当时粤商在南雄的经济实力和社会影响力。

3. 功能利用与现代转型

已经是"广东省文物保护单位"的广州会馆现已成为当地文化惠民活动的主要公共场所。会馆的东边路作为民俗文化展示厅，通过一些传统生活器物的展示，还原传统南雄人家的生活味道；中路建筑摆放着从全国各地收集而来的书画作品；西边路建筑则在每周二至周六晚向市民免费开放，公众可以在这里进行才艺汇演、文化讲坛、采茶剧目表演和书法培训等丰富多样的公共艺术活动。历经数百年的广州会馆，如今正为丰富当地老百姓的文化生活发挥着重要且独特的作用。

南雄市文化部门还利用会馆的墙壁，通过老照片的方式，把南雄的古码头、古城墙、珠玑古巷等历史风貌呈现出来，让南雄本地人和外地游客更加了解南雄深厚的历史文化[1]。

---

① 肖锋. 南雄广州会馆修复竣工[J]. 源流，2015（1）：34.

第四节　东部沿海地区的广东会馆建筑实例
——天津广东会馆

一、历史沿革与地理区位

明清时期，粤商在广东与天津之间进行贸易往来是一种频繁的商业行为，并且这种贸易往来是通过海运来进行的。至1860年，天津被开辟为通商口岸，城市经历了快速的发展和变化，成为当时北方的商贸中心（图4-98）。在清光绪二十九年（1903年），由当时的奉天巡抚、广东人唐绍仪以及买办梁炎卿等发起倡议，联合众多粤商，集资成立建造了天津广东会馆。

天津广东会馆位于天津市南开区城厢中路1号，属于天津老城区的中心地带（图4-99）。天津广东会馆现在为天津市戏剧博物馆，是全国重点文物保护单位，于2017年入选第二批中国20世纪建筑遗产名单。

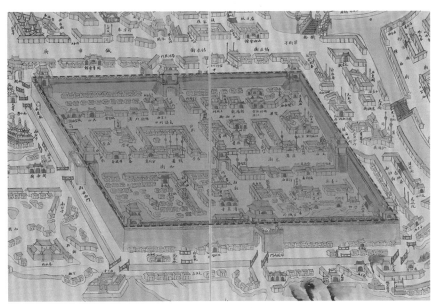

图 4-98　天津城厢图

（基于《1899年天津城厢保甲全图》改绘）

图 4-99 天津广东会馆

二、建筑现状与特征分析

1. 建筑布局与功能

天津广东会馆原由照壁、会馆、南园、广业公司、同乡宾馆和东院等部分组成，占地面积原为 15 000 平方米。现存会馆的主要建筑部分，占地面积约为 5 300 平方米，建筑面积 3 400 多平方米。整体呈长方形，四合院式布局，一路三进（图 4-100、图 4-101）。

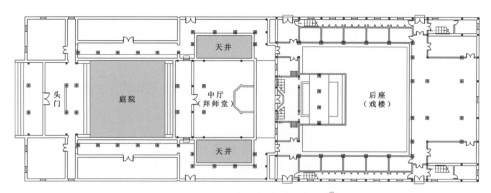

图 4-100 天津广东会馆平面图 [①]

---

① 杨大为. 天津广东会馆保护综合研究[D]. 天津：天津大学，2007：115-124.

图 4-101　天津广东会馆航拍

头门为硬山屋顶，室内用木质屏风进行隔断，前檐正中悬挂有匾额，后檐廊柱装饰有楹联抱柱匾。头门左右为耳房，硬山顶。穿过庭院，便是中厅，也叫拜师堂。兴门和中厅如图4-102～图4-107。和两广地区的广东会馆所不同的是，天

图 4-102　天津广东会馆头门

津广东会馆的最后一进为戏楼，而不是供奉乡土神像的后座，而且戏楼是天津广东会馆的主体建筑（图4-108）。戏楼整体由戏台、后台、池座、游廊、贵宾室和包厢组成，局部为二层。戏台为传统的伸出式戏台，三面开敞，伸出的部分没有柱子，装饰有螺旋状纹样的华丽藻井悬于其上（图4-109）。观众席有两层，楼下为池座，将近300平方米的池座内没有柱子，观众可以从多个角度无遮挡地欣赏演出。天津广东会馆的戏楼是现存规模最大和保存最完整的传统木结构戏楼，是中国传统戏台的杰出代表建筑。孙菊仙、杨小楼、梅兰芳、荀慧生等京剧大师都曾在这个戏楼演出过。在中路左右两侧还有长条形的厢房。

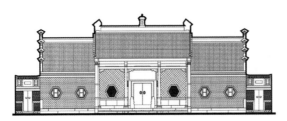

图 4-103　头门立面图

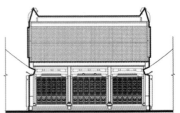

图 4-104　中厅立面图

图 4-105　头门剖面图

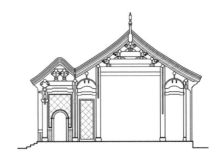

图 4-106　中厅剖面图

图 4-107　天津广东会馆中厅

图 4-108　天津广东会馆戏楼　　　　　　　图 4-109　戏台藻井

2. 建筑风格与细部装饰

天津广东会馆的整体建筑风格为南北融合，从屋顶到外立面，都是典型的北方官式建筑与民居建筑的融合，再加上一些典型的广东会馆建筑形制和元素，体现出融会贯通的建筑意蕴。

天津广东会馆的细部装饰，没有两广地区广东会馆的精彩绝伦，但是朴素中仍彰显着细节之美。例如屋脊上的装饰就没有南方广东会馆的装饰那么层次丰富和颜色绚烂，主要采用重点部位装饰的手法，以木雕和石雕为主（图 4-110～图 4-112）。戏台处的木雕是整座会馆木雕装饰的精华，特别是伸出式舞台上方的鸡笼式藻井，将工匠高超的小木作技艺展现得淋漓尽致。除此以外，在广东会馆主体建筑的外檐及卷棚廊的各种木构梁架上，都有立体丰富的木雕装饰（图 4-113）。

图 4-110　屋脊装饰（一）　　　　　　　　图 4-111　屋脊装饰（二）

图 4-112　屋脊装饰（三）　　　　　　　图 4-113　梁架木雕

　　天津广东会馆的石雕和砖雕也很精彩传神（图 4-114、图 4-115）。石雕多集中在石质梁架上、基座和柱础上。石质柱础有古镜式、圆形、八角形和方形等多种样式（图 4-116）。砖雕主要体现在墀头的装饰上。天津广东会馆内还有碑记、彩画和匾额等多种形式的细部装饰，这些都是整座会馆装饰中重要的组成部分（图 4-117～图 4-119）。

图 4-114　梁架石雕　　　　　　　　　图 4-115　墀头砖雕

图 4-116　多种形式的柱础

图 4-117 会馆内碑记　　　　图 4-118 会馆内彩画　　　　图 4-119 会馆内匾额

第五节　广东会馆的演变建筑实例
——船埠护龙庙

一、历史沿革与地理区位

南流江的重要支流之一车陂江在广西玉林市福绵区船埠村汇入南流江。两江交汇处水势平稳，水面宽阔，是一片条件极佳的港湾（图 4-120）。明清时期，船埠是玉林通广西南部合浦、北海的水路运输起点，主要转运和集散盐、海鲜和内陆土特产等商品。尤其是在清朝，经过朝廷批准，时任两广总督岑春煊将南流江划为广西海盐进口的水运航道，船埠的商贸运输得到大力的发展，成为当时中南省区食盐运输的最大中转站。《广西各县商业概况》中记载"郁林[①]以南流江为最大，由城南直通博白而达北海，由船埠到城可行载数千斤之民船。所有一切海味均由此道入口县内，猪米亦多由此道运往北海"[②]。盐市的兴盛，更进一步带动了其他行业的发展，形成了一条长约 400 米的商铺街，邻近省区的商贾及本地商人争相来此经营，以致于当时外地人"只识船埠街，不识玉林街"。

①　玉林古称郁林，到1956年3月30日，才正式更名为玉林。
②　出自玉林市博物馆展出的历史文献资料。

图 4-120　船埠村航拍图

　　船埠村西边有一座保存完好的护龙庙（图 4-121）。护龙庙的头座大门前有一副对联："护持商贾；龙则风云。"据传这座护龙庙是由在船埠当地经商的粤商集资兴建的。因为来往船埠的粤商几乎都是走船运，所以他们都希望祈求得到神灵庇佑。护龙庙作为船埠村众多建筑遗址中的一部分，已被列为玉林市文物保护单位。

图 4-121　船埠村护龙庙

二、建筑现状与特征分析

护龙庙的中轴线与南流江主流向垂直，包含有
两个院落，为三进式（图 4-122 ～图 4-124）。从
头门开始，到中厅，再到最后的后座，依次升高。
头座原先左右各有一个耳房，现右侧耳房已新建了
房屋。头门的柱子底座是精美的多重柱础，檐廊的
横撑上方还有图案丰富的石雕。穿过大门来到前庭，
面对的就是中厅（图 4-125）。中厅供奉着龙王爷
的神像，整体有三跨，垂直中轴线方向有一左一右
两个拱形门廊，砖砌的门廊上方还有斑驳的彩画。
后座有两层，可以顺着背后的楼梯上到二层。后座
的建筑细部更为精美，首先是有三段弧线的门廊，
细部雕刻和工艺比前两进的建筑更为精湛，且门廊
上方的彩画也是立体凸起的雕刻工艺。站在后座的
二层向下看，可以看到第二个院落墙体上的绘画和
对联，与左右两侧琉璃屋顶的连廊相得益彰。

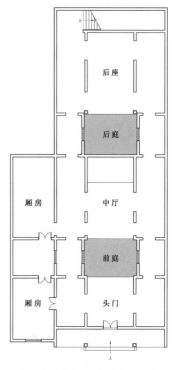

图 4-122　护龙庙平面图

图 4-123　护龙庙航拍图

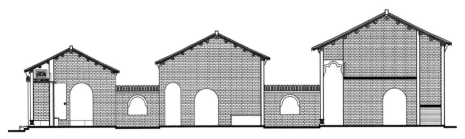

图 4-124　护龙庙纵剖面图

图 4-125　护龙庙中厅

　　虽然护龙庙整体的建筑形制、建筑风格与一般的广东会馆很相似，但是有几处特征已经产生了明显的演变。首先是整体结构方面，中轴线上的三进主体建筑，已经完全摒弃了木质梁架结构，完全是墙柱支撑结构，所有室内的墙都是直接升到屋顶承托起屋面，且室内的屋面下也没有传统的梁架结构。再者是室内的门，几乎全是拱门，就连院落中两边连廊的开窗，也都是用砖砌筑的拱形（图 4-126 ～图 4-128）。这些特征都可以反映出，当时粤商可能已经开始接触外来的建筑文化，并把这些元素运用到建筑的实体建造和设计中。尤为突出的就是后座前廊下的两个三段弧线的门廊，就完全不是传统的样式。并且护龙庙内各种石雕的细节和一般的广东会馆相比也略有差别（图 4-129 ～图 4-132）。例如头门梁架上的装饰就不再是一般的木雕，而变成了通体坚实的石雕面。所以说，护龙庙不仅承载着粤商对于平安往来的美好祝愿，也是当时粤商文化先进建造工艺和独特建筑风格的实体见证。

图 4-126　三段弧形拱

图 4-127　头门内拱门

图 4-128　院廊拱形窗

图 4-129　头门石雕

图 4-130　石雕细节

图 4-131　石雕柱础

图 4-132　墀头装饰

第五章

广东会馆的现存

状况与保护

思考

第一节 广东会馆的现存情况概析

以作者团队数年的现场调研资料为主要参考，再结合其他的各种资料，总共归纳出中国现存广东会馆的总数量为44座，并绘制成分布图（图5-1）。

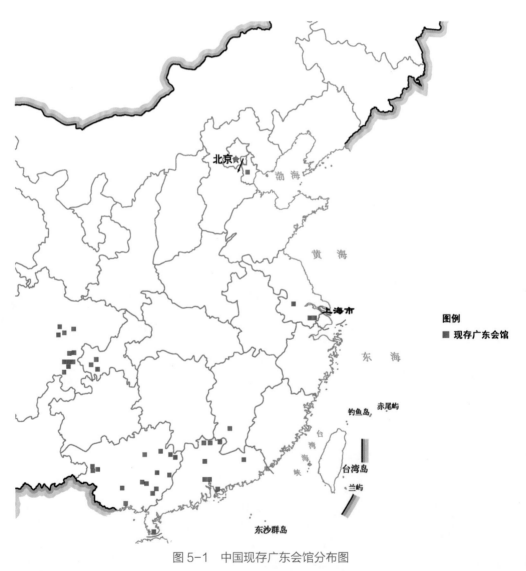

图5-1 中国现存广东会馆分布图

由于调研和搜集资料的局限性，可能还有一些现存的广东会馆未被发现，因此总数量应该大于 44 座。详细名录见《附录二　中国现存广东会馆总表》。可以发现，有两个地区的现存广东会馆数量较多，一个是两广地区，一个是川渝地区。这与前面所总结的历史上建立的广东会馆分布图有吻合之处。

再统计每个省区市的具体数量，总共有 8 个省区市现存有广东会馆。其中数量最多的是广西，有 15 座之多，其次是四川有 11 座，广东有 9 座，重庆和江苏都有 3 座，另外，天津、北京和江西各有 1 座（图 5-2）。

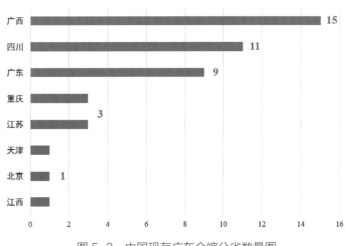

图 5-2　中国现存广东会馆分省数量图

回顾前文所述，四川、重庆两地建立的广东会馆有将近 300 座之多，是全国广东会馆分布数量最多的地区，可是现存较好的不过 14 座，所保存的比例非常小，不得不令人唏嘘。反观广西，总共 91 座广东会馆，保存至今的有 15 座，占比很高。不仅如此，笔者在调研过程中也深切感受到，广西的这十几座广东会馆保存的质量也非常好。从这 44 座遗存的广东会馆的现状来看，两广地区、江苏和天津的现存广东会馆的保护状况要更好，保护力度要更大。

作为中国传统建筑文化中的一部分，这些现存的广东会馆，即使被列为了各级重点文物保护单位，也不应该仅仅被当成是静态的建筑展品。而是应该在充分保护的前提下，充分发挥它们的活化作用，组织开展一系列的文化活动，让拥有数百年历史的传统会馆，在当今社会发挥它们独特且不可替代的作用。例如广东南雄广州会馆，现已成为当地群众文化生活的重要场所，经常会在这里举行才艺汇演、文化讲坛、采茶剧目表演和书法培训等丰富多样的公共文化艺术活动。

第二节　广东会馆的当代价值与保护思考

一、广东会馆与粤商文化的传承

广东会馆建筑本身就是粤商文化的最佳物质载体。在当今时代大背景下，提倡对广东会馆和粤商文化进行深入研究，主要有三点意义。

（1）广东会馆建筑所蕴含的建筑风格与风貌，包括空间层次和布局特征、建筑与构造、装饰与细部等，不仅是粤商文化中传统建筑文化的具体内涵，也是中国传统会馆建筑文化中重要的一部分。

（2）广东会馆不仅是承载粤商生活和经商的功能空间，也是承载神祇信仰的精神仪式空间。广东会馆内奉祀的神灵信仰就是粤商文化中精神文化的重要组成部分。深入研究粤商的传统精神文化，对当今商业发展也具有一定的借鉴意义。

（3）以广东会馆为代表的粤商文化，在数百年的历史风云变幻中，一直披荆斩棘，引领着粤商勇往前行，创造了令人瞩目的商业及文化等方面的辉煌成就。而提取粤商文化中的主要精神，与时俱进，可以激励当下的商业及社会发展，特别是在当今加快构建以国内大循环为主体、国内国际双循环相互促进的新发展格局下，具有更加深远的意义。

二、广东会馆与红色革命文化

很多的广东会馆都继承了20世纪的红色革命基因。例如1929年，邓小平等人就是从广西百色粤东会馆开始，发起了轰动全国的百色起义。如今的百色粤东会馆是中国工农红军第七军军部旧址，还是百色全国爱国主义教育的重要基地之一（图5-3）。还有广西贺州市钟山县英家镇粤东会馆，

图5-3　百色粤东会馆为中国工农红军第七军军部旧址

是中共广西省工委旧址，也是英家起义旧址，如今英家镇粤东会馆作为英家起义地址纪念馆，还是广西爱国主义教育基地。

2021年恰逢中国共产党成立100周年，更应该发挥这些广东会馆作为爱国主义教育基地的作用，更大力度地推广和宣传红色革命文化。

参考文献

古代文献、方志：

[1] 故宫博物院. 故宫珍本丛刊 - 广西府州县志 - 梧州府志 [M]. 海口：
海南出版社，2001.

[2] 周家楣，缪荃孙，等. 光绪顺天府志（十三：坊巷上）[M]. 北京：
北京古籍出版社，2001.

[3] 周家楣，缪荃孙，等. 光绪顺天府志（十四：坊巷下）[M]. 北京：
北京古籍出版社，2001.

[4] 四川省南溪县志编纂委员会. 南溪县志 [M]. 成都：四川人民出版社，
1992.

著作：

[1] 刘正刚. 广东会馆论稿 [M]. 上海：上海古籍出版社，2006.

[2] 千家驹，韩德章，吴半农. 广西省经济概况 [M]. 上海：上海商务印
书馆，1936.

[3] 冯江. 祖先之翼：明清广州府的开垦、聚族而居与宗族祠堂的衍
变 [M]. 北京：中国建筑工业出版社，2016.

[4] 天津市档案馆，天津社会科学院历史研究所，天津市工商业联合
会. 天津商会档案汇编（1903-1911）下 [M]. 天津：天津人民出
版社，1989.

[5] 庞新平，黄启臣. 明清广东商人 [M]. 广州：广东经济出版社，2001.

[6] 黄启臣. 广东商帮 [M]. 合肥：黄山书社，2007.

[7] 赵逵. "湖广填四川"移民通道上的会馆研究 [M]. 南京：东南大学出版社，2011.

[8] 赵逵，邵岚. 山陕会馆与关帝庙 [M]. 上海：东方出版中心，2015.

[9] 赵逵，白梅. 天后宫与福建会馆 [M]. 南京：东南大学出版社，2019.

[10] 何炳棣. 中国会馆史论 [M]. 北京：中华书局，2017.

[11] 唐凌，侯宣杰，等. 广西商业会馆研究 [M]. 桂林：广西师范大学出版社，2012.

[12] 王志远. 长江流域的商帮会馆 [M]. 武汉：长江出版社，2015.

[13] 王日根. 中国会馆史 [M]. 上海：东方出版中心，2007.

[14] 柳肃. 会馆建筑 [M]. 北京：中国建筑工业出版社，2015.

学位论文：

[1] 邢寓. 粤商文化传播视野下的广东会馆建筑研究 [D]. 武汉：华中科技大学，2021.

[2] 党一鸣. 移民文化视野下禹王宫与湖广会馆的传承演变 [D]. 武汉：华中科技大学，2018.

[3] 王琛. 明清时期陕商与粤商的比较及其现代启示 [D]. 西安：西北大学，2008.

[4] 侯宣杰. 商人会馆与边疆社会经济的变迁 [D]. 桂林：广西师范大学，2004.

[5] 黄玥. 广西粤东会馆建筑美学研究 [D]. 南宁：广西大学，2018.

[6] 栗笑寒. 川西地区汉族传统古村落空间形态与文化艺术研究 [D]. 西安：西安建筑科技大学，2017.

[7]　杨大为. 天津广东会馆保护综合研究 [D]. 天津：天津大学，2007.

[8]　钟洁. 成都洛带客家建筑文化研究 [D]. 成都：四川大学，2006.

[9]　白梅. 妈祖文化传播视野下的天后宫与福建会馆的传承与演变研究 [D]. 武汉：华中科技大学，2018.

[10]　程家璇. 江右商帮文化视野下的万寿宫与江西会馆的传承演变研究 [D]. 华中科技大学，2019.

[11]　邵岚. 山陕会馆的传承与演变研究：从关帝庙到山陕会馆的文化视角 [D]. 武汉：华中科技大学，2013.

[12]　詹洁. 明清"湖广填四川"移民通道上的湖广会馆建筑研究 [D]. 武汉：华中科技大学，2013.

[13]　陈远志. 清以来戎圩商业变迁和经济社会发展 [D]. 桂林：广西师范大学，2012.

[14]　李巧. 近代西江航运与梧州城市的发展（1897-1937 年）[D]. 桂林：广西师范大学，2016.

[15]　王薇. 文化线路视野中梅关古道的历史演变及其保护研究 [D]. 上海：复旦大学，2014.

[16]　陆华. 清末民初旅津粤商研究 [D]. 天津：天津师范大学，2014.

期刊 / 论文集 / 学术会议论文：

[1]　陈梅龙，沈月红. 宁波商帮与晋商、徽商、粤商比较析论 [J]. 宁波大学学报（人文科学版），2007，20（5）：35-42.

[2]　谭建光. 粤商发展历史简论 [J]. 广东商学院学报，2007（6）：42-45.

[3]　刘正刚. 清代广东沿海地区会馆分布考 [J]. 学术研究，1997（12）：47-50.

[4]　黄蔚林. 广西百色粤东会馆的红色历史 [J]. 岭南文史，2018（1）：76-80.

[5] 黄蔚林. 道光二十年《重新鼎建百色粤东省馆碑记》系列石碑考析 [J]. 文物鉴定与鉴赏, 2019 (9): 5-9.

[6] 于少波. 清代民国粤商对玉林社会的影响与作用: 基于玉林粤东会馆相关文物遗存的实证研究 [J]. 玉林师范学院学报, 2018, 39 (4): 26-31.

[7] 胡斌, 陈蔚, 熊海龙. 四川洛带客家传统聚落建筑与文化研究 [A]// 中国民族建筑研究会. 中国民族建筑研究会学术年会暨第二届民族建筑 (文物) 保护与发展高峰论坛会议文件 [C], 2008: 8.

[8] 傅红, 罗谦. 剖析会馆文化透视移民社会: 从成都洛带镇会馆建筑谈起 [J]. 西南民族大学学报 (人文社科版), 2004, 25 (4): 382-385.

[9] 肖锋. 南雄广州会馆修复竣工 [J]. 源流, 2015 (1): 34.

[10] 徐春莲. 粤声津度: 天津广东会馆的前世今生 [J]. 岭南文史, 2018 (1): 52-55.

[11] 欧翠珍. 粤商研究述评 [J]. 广西民族研究, 2010 (4): 175-180.

[12] 刘正刚, 何横松. 海洋贸易与清代粤北经济的变化 [J]. 学术研究, 2010 (6): 99-104.

[13] 刘正刚, 谢琦. 广州会馆研究 [J]. 广东史志, 2001 (1): 13-19, 12.

[14] 刘正刚. 清代四川南华宫分布考 [J]. 岭南文史, 1997 (3): 28-31.

[15] 凌崇征, 凌宏斌. 西江黄金水道上的粤商足迹 [J]. 文史春秋, 2014 (5): 37-41.

[16] 程宇宏, 黄鹏燕. 粤商文化研究述评 [J]. 广东商学院学报, 2008 (3): 72-76.

[17] 侯宣杰. 从会馆到商会: 近代广西民间商业团体的嬗变 [J]. 广西师范学院学报 (哲学社会科学版), 2014, 35 (6): 81-86.

附录一　历史上中国建立的广东会馆总表 [①]

编号	省区市	名称	所在地	资料来源
001	广东	广州会馆	汕头市	广东省档案馆档案
002	广东	广州会馆	韶关市始兴县	《始兴文物志》
003	广东	广州会馆	云浮市罗定市	《罗定县文物志》
004	广东	广府会馆	湛江市徐闻县	《徐闻县文物志》
005	广东	广肇会馆	肇庆市广宁县	《广宁县文物志》
006	广东	广州会馆	云浮市郁南县	《广东碑刻集》第 751 页
007	广东	广州会馆	韶关市	《韶关市区文物志》
008	广东	广州会馆	韶关市南雄市	《南雄县文物志》
009	广东	嘉应会馆	韶关市南雄市	
010	广东	墨江会馆	韶关市南雄市	《韶州府的宗教、社会与经济》（上册）
011	广东	潮州会馆	韶关市南雄市	
012	广东	广州会馆	韶关市仁化县	《韶关文史资料》第 25 辑
013	广东	潮惠梅会馆	韶关市仁化县	民国《仁化县董塘墟建筑惠潮嘉会馆暨筹设育英初级农工职业学校造册》
014	广东	嘉应州会馆	韶关市仁化县	《韶州府的宗教、社会与经济》（上册）
015	广东	广州会馆	清远市英德市	《英德市文史资料》
016	广东	广州会馆	湛江市	《湛江市文物志》
017	广东	仙城会馆	湛江市雷州市	《海康县文物志》
018	广东	广同会馆	韶关市乐昌市	《乐昌县文物志》

[①]　此表不含我国港澳台地区会馆及其他海外会馆相关内容。

编号	省区市	名称	所在地	资料来源
019	广东	广州会馆	韶关市乐昌市	新修《韶关市志》第 2 281 页
020	广东	昌源会馆	韶关市乐昌市	《乐昌掌故》第 2 辑
021	广东	墨江会馆	韶关市乐昌市	新修《韶关市志》 第 2277 ~ 2279 页
022	广东	乳源会馆	韶关市乐昌市	
023	广东	英翁会馆	韶关市	
024	广东	墨江会馆	韶关市	
025	广东	南海会馆	韶关市乐昌市	《乐昌商业志》
026	广东	广州会馆	湛江市吴川市	《吴川县文物志》
027	广东	广州会馆	湛江市吴川市	《湛江文史资料》 第 14 辑
028	广东	潮州会馆	湛江市吴川市	
029	广东	潮州会馆	湛江市	《湛江市文物志稿》
030	广东	潮州会馆	广州市	《中国文物地图集》广东分册
031	广东	潮州会馆	梅州市兴宁市	《兴宁县文物志》
032	广东	潮郡会馆	汕尾市海丰县	《海丰县文物志》
033	广东	潮州会馆	河源市龙川县	新修《龙川县志》
034	广东	惠博会馆	河源市龙川县	
035	广东	嘉应会馆	河源市龙川县	
036	广东	大埔会馆	河源市龙川县	
037	广东	潮州会馆	湛江市徐闻县	《徐闻县文物志》
038	广东	潮州会馆	湛江市徐闻县	
039	广东	潮州会馆	湛江市徐闻县	

续表

编号	省区市	名称	所在地	资料来源
040	广东	海南会馆	湛江市徐闻县	《广东碑刻集》第 508 页
041	广东	琼州会馆	湛江市徐闻县	《中国工商行会史料集》第 641 页
042	广东	潮州会馆	河源市龙川县	《龙川县文物志》
043	广东	潮蓝行会馆	佛山市	道光《佛山忠义乡志》卷五
044	广东	漳潮会馆	汕头市	《澄海四百年大事记》
045	广东	潮属六邑会馆	汕头市	
046	广东	惠博会馆	河源市龙川县	《龙川县文物志》
047	广东	惠州会馆	广州市	《广州市文物志》
048	广东	雷阳会馆	湛江市	《湛江市文物志稿》
049	广东	高州会馆	湛江市	
050	广东	墨江会馆	韶关市	《韶关市区文物志》
051	广东	英翁会馆	韶关市	《韶关市区文物志》
052	广东	东莞会馆	深圳市	《中国文物地图集》广东分册
053	广东	冈州会馆	佛山市三水区	《三水县文物志》
054	广东	嘉应会馆	潮州市潮安区	光绪《海阳县志》卷二〇
055	广东	镇平会馆	潮州市潮安区	
056	广东	漳潮会馆	潮州市潮安区	
057	广东	潮州六邑会馆	汕头市	新修《汕头市志》
058	广东	潮州八邑会馆	汕头市	《中国社会与经济》第 250 页
059	广东	大埔会馆	汕头市	《韩江记》卷五
060	广东	新会会馆	佛山市三水区	《三水县文物志》

编号	省区市	名称	所在地	资料来源
061	广东	广宁会馆	佛山市三水区	《三水县文物志》
062	广东	怀阳会馆	佛山市三水区	
063	广东	连山会馆	佛山市三水区	
064	广东	冈州会馆	佛山市三水区	
065	广东	云浮会馆	广州市	《广州指南》（1934）
066	广东	增城会馆	广州市	
067	广东	肇庆会馆	广州市	《全国都会商埠旅行指南》
068	广东	嘉应会馆	广州市	
069	广东	钦廉会馆	广州市	
070	广东	南韶连会馆	广州市	新修《韶关市志》第 2 281 页
071	广东	大埔会馆	广州市	《大埔旅省年刊》
072	广东	惠州会馆	广州市	《广州文博》1985 年第 3 期
073	广东	潮州会馆	佛山市	民国《佛山忠义乡志》卷六《实业》
074	广东	大埔会馆	汕头市	广东省档案馆档案
075	广东	嘉应会馆	汕头市	
076	广东	客属八邑会馆	汕头市	《中国社会与经济》第 154 页
077	广东	南海会馆	清远市连州市	民国《连县志》第二卷《人文志上》
078	广东	东莞会馆	清远市连州市	
079	广东	顺德会馆	清远市连州市	
080	广东	清远会馆	清远市连州市	
081	广东	惠州会馆	清远市连州市	

续表

编号	省区市	名称	所在地	资料来源
082	广东	嘉应州会馆	清远市连州市	民国《连县志》第二卷《人文志上》
083	广东	冈州会馆	清远市连州市	
084	广东	广州五邑会馆	清远市连州市	
085	广东	广同公所	清远市连州市	
086	广东	广州八邑会馆	清远市连州市	
087	广东	番禺会馆	清远市连州市	《清远文史》第11辑
088	广东	锦纶会馆	广州市	笔者调研所得
089	海南	广州会馆	海口市	《石云山人文集》卷三
090	海南	广府会馆	儋州市	光绪《儋县志》卷四
091	海南	琼州会馆	乐东黎族自治县	《广东碑刻集》第998~999页
092	海南	潮州会馆	海口市	《海南岛史》第252页
093	海南	文昌会馆	海口市	
094	海南	琼邑会馆	乐东黎族自治县	《广东碑刻集》第999页
095	海南	顺德会馆	陵水黎族自治县	《广东碑刻集》第963页
096	海南	潮州会馆	万宁市	道光《万州志》卷七《前事略》
097	海南	高州会馆	海口市	《中国会馆史话》第46页
098	广西	粤东会馆	桂林市阳朔县	《阳朔县志》卷一
099	广西	广东会馆	桂林市	《桂林市房地产志》第二章
100	广西	广东会馆	桂林市	
101	广西	广东会馆	桂林市	
102	广西	广东会馆	桂林市临桂区	《临桂县志·建置政区》

续表

编号	省区市	名称	所在地	资料来源
103	广西	广东会馆	桂林市灵川县	《灵川县志·商业》
104	广西	粤东会馆	桂林龙胜各族自治县	《龙胜县志·大事记》
105	广西	广东会馆	桂林市灵川县	《灵川县志·商业》
106	广西	粤东会馆	桂林市永福县	民国《榴江县志》一二八页
107	广西	粤东会馆	桂林市永福县	
108	广西	粤东会馆	桂林市阳朔县	《阳朔县志》第四十三章
109	广西	粤东会馆	桂林市平乐县	《广西市县概况·平乐县·文物胜迹》
110	广西	粤东会馆	桂林市荔浦市	《荔浦县志·商业》
111	广西	粤东会馆	桂林市荔浦市	
112	广西	粤东会馆	桂林市荔浦市	
113	广西	粤东会馆	桂林恭城瑶族自治县	《恭城县志·城乡建设》
114	广西	广肇会馆	贺州富川瑶族自治县	《北洋政府统计局1917年8月关于广西商会成立报告书》
115	广西	粤东会馆	贺州市钟山县	《钟山文史资料》第三辑
116	广西	天后宫	贺州市昭平县	民国《昭平县志》卷二
117	广西	粤东会馆	梧州市蒙山县	《蒙山县志·大事记》
118	广西	粤东会馆	贺州市八步区	《广西近代圩镇研究》第372页
119	广西	要明乡祠	贺州市八步区	
120	广西	南海乡祠	贺州市八步区	
121	广西	开建乡祠	贺州市八步区	

续表

编号	省区市	名称	所在地	资料来源
122	广西	粤东会馆	梧州市	《梧州市志》文化卷《地名志》
123	广西	永安堂	梧州市	
124	广西	安顺堂	梧州市	
125	广西	协和堂	梧州市	
126	广西	昭信堂	梧州市	
127	广西	至宝堂	梧州市	《中国工商行会史料集》
128	广西	协成堂	梧州市	下册,第997页
129	广西	光裕堂	梧州市	
130	广西	寿世堂	梧州市	
131	广西	成义堂	梧州市	
132	广西	粤东会馆	梧州市苍梧县	《苍梧县志·附录·重要碑刻》
133	广西	粤东会馆	梧州市藤县	《中国工商行会史料集》下册,第966页
134	广西	粤东会馆	贺州市八步区	民国《信都县志》卷五《商业》
135	广西	天妃宫	玉林市容县	《容县志》卷四《风俗》
136	广西	粤东会馆	玉林市	《玉林文史资料》商业局专辑
137	广西	粤东会馆	玉林市北流市	《北流文史资料》第九辑
138	广西	粤东会馆	玉林市兴业县	《太平天国在广西调查资料汇编》第433页
139	广西	粤东会馆	贵港市平南县	《平南县志》地理篇
140	广西	粤东会馆	贵港市平南县	
141	广西	粤东会馆	贵港市桂平市	《广西工商业团体概况》第18页

续表

编号	省区市	名称	所在地	资料来源
142	广西	粤东会馆	贵港市	《贵县文史资料》第8辑
143	广西	粤东会馆	贵港市	《贵港市志》文物胜景志
144	广西	粤东会馆	贵港市桂平市	《桂平县志》地理篇
145	广西	粤东会馆	来宾市武宣县	《武宣县志·城乡建设》
146	广西	广东会馆	柳州市	《柳州市志·建筑业志·建筑工程》
147	广西	粤东会馆	柳州市	
148	广西	粤东会馆	来宾市象州县	《广西省工商业团体概况》第19页
149	广西	粤东会馆	来宾金秀瑶族自治县	《桐木镇志》第二章
150	广西	粤东会馆	柳州市柳城县	民国《柳城县志》艺文
151	广西	粤东会馆	柳州三江侗族自治县	民国《三江县志》卷四《商业》
152	广西	粤东会馆	柳州市鹿寨县	《鹿寨县志》第一篇《建置政区·县城乡镇》
153	广西	粤东会馆	柳州市鹿寨县	
154	广西	粤东会馆	柳州市鹿寨县	
155	广西	粤东会馆	河池罗城仫佬族自治县	《罗城文史资料》第四辑
156	广西	粤东会馆	柳州市融安县	《融安县志·经济》
157	广西	广东会馆	河池市宜州区	《宜山文史》第1辑
158	广西	粤东会馆	河池市宜州区	
159	广西	粤东会馆	河池市宜州区	
160	广西	粤东会馆	河池市宜州区	

续表

编号	省区市	名称	所在地	资料来源
161	广西	粤东会馆	来宾市兴宾区	民国《迁江县志·庙坛》
162	广西	粤东会馆	南宁市武鸣县	《广西地方民族史研究集刊》第三集
163	广西	粤东会馆	百色市	《百色市志》第34页
164	广西	二邑会馆	南宁市	民国《邕宁县志》 社会二 商业团体调查
165	广西	粤东会馆	南宁市	
166	广西	五圣宫	南宁市邕宁区	《广西省工商业团体概况》第19页
167	广西	粤东会馆	南宁市隆安县	民国《隆安县志》卷四《建置考》
168	广西	粤东会馆	南宁市横州市	《太平天国在广西资料汇编》 第42页
169	广西	天后宫	南宁市横州市	
170	广西	粤东会馆	崇左市龙州县	民国《龙津县志·民族》
171	广西	粤东会馆	崇左市大新县	《广西壮族社会历史调查》 第四册
172	广西	粤东会馆	崇左市宁明县	《宁明州志》卷下《祠庙》
173	广西	粤东会馆	崇左市凭祥市	《凭祥市志·文化志》
174	广西	粤东会馆	崇左市	《崇左县志》第403页
175	广西	粤东会馆	崇左市龙州县	民国《龙津县志·民族》
176	广西	粤东会馆	崇左市大新县	《大新县志》第十八章《商业》
177	广西	粤东会馆	百色市德保县	《北洋政府统计局1917年8月 关于广西商会成立调查报告书》
178	广西	灵洲会馆	百色市	笔者调研所得
179	广西	粤东会馆	百色隆林各族 自治县	《田林县志·大事记》

续表

编号	省区市	名称	所在地	资料来源
180	广西	广东会馆	百色隆林各族自治县	《田林县志·大事记》
181	广西	广东会馆	百色隆林各族自治县	
182	广西	广肇会馆	百色隆林各族自治县	
183	广西	粤东会馆	百色市凌云县	《商人会馆与边疆社会经济的变迁》第43页
184	广西	粤东会馆	百色市田阳县	百色市地方志办公室官方网站
185	广西	广州会馆	北海市	《中国社会与经济》第250页
186	广西	广州会馆	北海市	
187	广西	高州会馆	北海市	《中国会馆史话》第46页
188	广西	广州会馆	钦州市	系笔者现场调研所得
189	四川	南华宫	成都市简阳市	咸丰《简州志》卷三 民国《简阳县志》卷二
190	四川	南华宫	成都市简阳市	
191	四川	南华宫	成都市简阳市	
192	四川	南华宫	成都市简阳市	
193	四川	南华宫	成都市简阳市	
194	四川	南华宫	成都市简阳市	
195	四川	南华宫	成都市简阳市	
196	四川	南华宫	成都市简阳市	
197	四川	南华宫	成都市简阳市	
198	四川	南华宫	成都市简阳市	

续表

编号	省区市	名称	所在地	资料来源
199	四川	南华官	成都市崇州市	乾隆《崇庆州志》卷三
200	四川	南华官	德阳市广汉市	嘉庆《汉州志》卷一七
201	四川	南华官	成都市	同治《重修成都县志》卷二
202	四川	南华官	成都市	
203	四川	南华官	成都市	
204	四川	南华官	成都市	
205	四川	南华官	成都市双流区	民国《华阳县志》卷三〇
206	四川	南华官	成都市双流区	
207	四川	南华官	成都市双流区	
208	四川	南华官	成都市双流区	
209	四川	南华官	成都市双流区	
210	四川	南华官	成都市双流区	
211	四川	南华官	成都市双流区	
212	四川	南华官	成都市双流区	
213	四川	南华官	成都市双流区	
214	四川	南华官	成都市双流区	
215	四川	南华官	成都市双流区	民国《双流县志》卷一
216	四川	南华官	成都市双流区	
217	四川	南华官	成都市温江区	民国《温江县志》卷四
218	四川	南华官	成都市新都区	民国《新繁县志》卷一
219	四川	南华官	成都市金堂县	民国《金堂县续志》卷二

编号	省区市	名称	所在地	资料来源
220	四川	南华宫	成都市金堂县	民国《金堂县续志》卷二
221	四川	南华宫	成都市新都区	民国《重修新都县志》第二编 民国二十三年《新都年鉴》第16页
222	四川	南华宫	成都市新都区	
223	四川	南华宫	成都市新都区	
224	四川	南华宫	成都市郫都区	民国《郫县志》卷二
225	四川	南华宫	成都市郫都区	
226	四川	南华宫	成都市郫都区	嘉庆《崇宁县志》卷二 民国《崇宁县志》卷二
227	四川	南华宫	成都市郫都区	
228	四川	南华宫	成都市都江堰市	民国《灌县志》卷二
229	四川	南华宫	成都市都江堰市	
230	四川	南华宫	成都市都江堰市	
231	四川	南华宫	成都市彭州市	光绪《彭县志》卷一三
232	四川	南华宫	成都市彭州市	
233	四川	南华宫	成都市彭州市	
234	四川	南华宫	成都市彭州市	
235	四川	南华宫	成都市新津区	新修《新津县志》
236	四川	南华宫	成都市新津区	
237	四川	南华宫	成都市新津区	
238	四川	南华宫	成都市新津区	
239	四川	南华宫	成都市新津区	
240	四川	南华宫	德阳市什邡市	民国《重修什邡县志》卷二
241	四川	南华宫	德阳市什邡市	

续表

编号	省区市	名称	所在地	资料来源
242	四川	南华宫	德阳市什邡市	民国《重修什邡县志》卷二
243	四川	南华宫	德阳市什邡市	
244	四川	南华宫	德阳市什邡市	
245	四川	南华宫	德阳市什邡市	
246	四川	南华宫	广安市武胜县	嘉庆《定远县志》卷二〇
247	四川	南华宫	广安市武胜县	民国《新修武胜县志》卷六
248	四川	南华宫	巴中市巴州区	道光《巴州志》卷二
249	四川	南华宫	广元市剑阁县	民国《剑阁县志》城图
250	四川	南华宫	广元市	民国《重修广元县志稿》第四编
251	四川	南华宫	广元市	
252	四川	南华宫	巴中市南江县	民国《南江县志》卷二及城图
253	四川	南华宫	南充市蓬安县	民国《蓬安县志》城图
254	四川	南华宫	南充市	嘉庆《南充县志》城图
255	四川	南华宫	南充市	民国《南充县志》卷五
256	四川	南华宫	广安市岳池县	同治《岳池县志》卷九
257	四川	南华宫	南充市营山县	新修《营山县志》第742页
258	四川	南华宫	南充市营山县	
259	四川	南华宫	宜宾市	民国《宜宾县志》卷二七
260	四川	南华宫	自贡市富顺县	同治《富顺县志》卷一
261	四川	南华宫	自贡市富顺县	《富顺县地方概况》第3章
262	四川	南华宫	自贡市富顺县	

续表

编号	省区市	名称	所在地	资料来源
263	四川	南华官	宜宾市南溪区	民国《南溪县志》卷一
264	四川	南华官	宜宾市高县	
265	四川	南华官	宜宾市高县	
266	四川	南华官	宜宾市高县	同治《高县志》卷二七
267	四川	南华官	宜宾市高县	
268	四川	南华官	宜宾市高县	
269	四川	南华官	宜宾市筠连县	同治《筠连县志》卷三
270	四川	南华官	宜宾市筠连县	
271	四川	南华官	内江市隆昌市	
272	四川	南华官	内江市隆昌市	
273	四川	南华官	内江市隆昌市	道光《隆昌县志》卷首 光绪《隆昌县乡土志》祀庙
274	四川	南华官	内江市隆昌市	
275	四川	南华官	内江市隆昌市	
276	四川	南华官	宜宾市屏山县	
277	四川	南华官	宜宾市屏山县	
278	四川	南华官	宜宾市屏山县	
279	四川	南华官	宜宾市屏山县	嘉庆《屏山县志》卷下 光绪《屏山县续志》卷下
280	四川	南华官	宜宾市屏山县	
281	四川	南华官	宜宾市屏山县	
282	四川	南华官	宜宾市屏山县	
283	四川	南华官	宜宾市屏山县	

编号	省区市	名称	所在地	资料来源
284	四川	南华宫	宜宾市屏山县	嘉庆《屏山县志》卷下 光绪《屏山县续志》卷下
285	四川	南华宫	宜宾市屏山县	
286	四川	南华宫	宜宾市屏山县	
287	四川	南华宫	宜宾市屏山县	嘉庆《马边厅志略》卷二
288	四川	南华宫	宜宾市长宁县	民国《长宁县志》卷一
289	四川	南华宫	宜宾市长宁县	
290	四川	南华宫	宜宾市长宁县	
291	四川	南华宫	凉山彝族自治州 会理市	同治《会理州志》卷二
292	四川	南华宫		
293	四川	南华宫		
294	四川	南华宫	凉山彝族自治州 越西县	光绪《越西厅志》卷二
295	四川	南华宫	凉山彝族自治州 西昌市	民国《西昌县志》卷六
296	四川	南华宫		
297	四川	南华宫		
298	四川	南华宫		
299	四川	南华宫		
300	四川	南华宫		
301	四川	南华宫		
302	四川	南华宫		
303	四川	南华宫		
304	四川	南华宫		

续表

编号	省区市	名称	所在地	资料来源
305	四川	南华宫	凉山彝族自治州西昌市	民国《西昌县志》卷六
306	四川	南华宫		
307	四川	南华宫		
308	四川	南华宫	凉山彝族自治州西昌市	
309	四川	南华宫		
310	四川	南华宫	凉山彝族自治州冕宁县	乾隆《冕宁县志》卷五 咸丰《冕宁县志》卷五
311	四川	南华宫	绵阳市平武县	道光《龙安府志》卷一
312	四川	南华宫	绵阳市江油市	光绪《江油县志》卷一三
313	四川	南华宫	绵阳市北川羌族自治县	民国《北川县志》卷二
314	四川	南华宫		
315	四川	南华宫		
316	四川	南华宫		
317	四川	南华宫	雅安市	民国《雅安县志》卷二
318	四川	南华宫	雅安市名山区	民国《名山县新志》卷一四
319	四川	南华宫	雅安市荥经县	民国《荥经县志》卷二
320	四川	南华宫	乐山市	民国《乐山县志》城池图
321	四川	南华宫	乐山市峨眉山市	嘉庆《峨眉县志》卷二
322	四川	南华宫	乐山市夹江县	嘉庆《夹江县志》卷三
323	四川	南华宫	乐山市犍为县	民国《犍为县志》卷二
324	四川	南华宫	乐山市犍为县	
325	四川	南华宫	乐山市犍为县	

续表

编号	省区市	名称	所在地	资料来源
326	四川	南华宫	乐山市犍为县	
327	四川	南华宫	乐山市犍为县	
328	四川	南华宫	乐山市犍为县	
329	四川	南华宫	乐山市犍为县	
330	四川	南华宫	乐山市犍为县	
331	四川	南华宫	乐山市犍为县	
332	四川	南华宫	乐山市犍为县	
333	四川	南华宫	乐山市犍为县	
334	四川	南华宫	乐山市犍为县	民国《犍为县志》卷二
335	四川	南华宫	乐山市犍为县	
336	四川	南华宫	乐山市犍为县	
337	四川	南华宫	乐山市犍为县	
338	四川	南华宫	乐山市犍为县	
339	四川	南华宫	乐山市犍为县	
340	四川	南华宫	乐山市犍为县	
341	四川	南华宫	乐山市犍为县	
342	四川	南华宫	乐山市犍为县	
343	四川	南华宫	自贡市荣县	
344	四川	南华宫	自贡市荣县	民国《荣县志》卷一
345	四川	南华宫	自贡市荣县	
346	四川	南华宫	自贡市荣县	

编号	省区市	名称	所在地	资料来源
347	四川	南华宫	自贡市荣县	民国《荣县志》卷一
348	四川	南华宫	自贡市荣县	
349	四川	南华宫	自贡市荣县	
350	四川	南华宫	自贡市荣县	
351	四川	南华宫	自贡市荣县	
352	四川	南华宫	自贡市荣县	
353	四川	南华宫	自贡市荣县	
354	四川	南华宫	自贡市荣县	
355	四川	南华宫	自贡市荣县	
356	四川	南华宫	自贡市荣县	
357	四川	南华宫	自贡市荣县	
358	四川	南华宫	自贡市荣县	
359	四川	南华宫	内江市威远县	嘉庆《威远县志》卷二 光绪《威远县志》卷一
360	四川	南华宫	内江市威远县	
361	四川	南华宫	内江市威远县	
362	四川	南华宫	内江市威远县	
363	四川	南华宫	内江市威远县	
364	四川	南华宫	内江市威远县	
365	四川	南华宫	内江市威远县	
366	四川	南华宫	内江市威远县	
367	四川	南华宫	内江市威远县	

续表

编号	省区市	名称	所在地	资料来源
368	四川	南华宫	内江市威远县	嘉庆《威远县志》卷二
369	四川	南华宫	内江市威远县	光绪《威远县志》卷一
370	四川	南华宫	乐山市峨边彝族自治县	民国《峨边县志》卷二
371	四川	南华宫	达州市达川区	民国《达县志》卷一○
372	四川	南华宫	达州市宣汉县	民国《宣汉县志》卷三
373	四川	南华宫	达州市宣汉县	
374	四川	南华宫	达州市渠县	嘉庆《渠县志》卷一八
375	四川	南华宫	达州市渠县	
376	四川	南华宫	达州市大竹县	民国《续修大竹县志》卷三
377	四川	南华宫	达州市大竹县	
378	四川	南华宫	达州市大竹县	
379	四川	南华宫	达州市大竹县	
380	四川	南华宫	达州市大竹县	
381	四川	南华宫	达州市大竹县	
382	四川	南华宫	达州市大竹县	
383	四川	南华宫	达州市大竹县	
384	四川	南华宫	达州市大竹县	
385	四川	南华宫	遂宁市射洪市	新修《射洪县志》
386	四川	南华宫	绵阳市三台县	民国《三台县志》城池图
387	四川	南华宫	德阳市中江县	民国《中江县志》卷四
388	四川	南华宫	德阳市中江县	

编号	省区市	名称	所在地	资料来源
389	四川	南华官	遂宁市	民国《潼南县志》卷一
390	四川	南华官	遂宁市	
391	四川	南华官	资阳市安岳县	光绪《续修安岳县志》卷二
392	四川	南华官	资阳市乐至县	道光《乐至县志》卷六
393	四川	南华官	资阳市乐至县	
394	四川	南华官	德阳市	民国《德阳县志》卷一
395	四川	南华官	德阳市	
396	四川	南华官	德阳市	
397	四川	南华官	德阳市	
398	四川	南华官	绵阳市安州区	民国《安县志》卷一八
399	四川	南华官	绵阳市安州区	
400	四川	南华官	绵阳市安州区	
401	四川	南华官	绵阳市安州区	
402	四川	南华官	绵阳市安州区	
403	四川	南华官	绵阳市安州区	
404	四川	南华官	绵阳市安州区	
405	四川	南华官	绵阳市安州区	
406	四川	南华官	绵阳市安州区	
407	四川	南华官	绵阳市安州区	
408	四川	南华官	德阳市绵竹市	民国《绵竹县志》卷一二
409	四川	南华官	德阳市绵竹市	

续表

编号	省区市	名称	所在地	资料来源
410	四川	南华宫	德阳市绵竹市	
411	四川	南华宫	德阳市绵竹市	
412	四川	南华宫	德阳市绵竹市	
413	四川	南华宫	德阳市绵竹市	民国《绵竹县志》卷一二
414	四川	南华宫	德阳市绵竹市	
415	四川	南华宫	德阳市绵竹市	
416	四川	南华宫	德阳市绵竹市	
417	四川	南华宫	德阳市罗江区	嘉庆《罗江县志》卷一九
418	四川	南华宫	德阳市罗江区	
419	四川	南华宫	德阳市	嘉庆《直隶绵州志》卷二七
420	四川	南华宫	泸州市纳溪区	嘉庆《纳溪县志》卷二
421	四川	南华宫	泸州市合江县	
422	四川	南华宫	泸州市合江县	
423	四川	南华宫	泸州市合江县	民国《合江县志》卷一
424	四川	南华宫	泸州市合江县	
425	四川	南华宫	泸州市合江县	
426	四川	南华宫	宜宾市江安县	嘉庆《江安县志》卷二
427	四川	南华宫	宜宾市江安县	
428	四川	南华宫	泸州市泸县	民国《泸县志》卷一
429	四川	南华宫	眉山市丹棱县	民国《丹棱县志》卷三
430	四川	南华宫	眉山市彭山区	民国《重修彭山县志》卷二

编号	省区市	名称	所在地	资料来源
431	四川	南华宫	眉山市彭山区	民国《重修彭山县志》卷二
432	四川	南华宫	眉山市彭山区	
433	四川	南华宫	眉山市青神县	嘉庆《青神县志》卷一七
434	四川	南华宫	内江市	光绪《内江县志》卷一
435	四川	南华宫	内江市	
436	四川	南华宫	眉山市仁寿县	新修《仁寿县志》第553页
437	四川	南华宫	眉山市仁寿县	
438	四川	南华宫	乐山市井研县	光绪《井研志》卷四
439	四川	南华宫	内江市资中县	民国《资中县续修资州志》卷二
440	四川	南华宫	成都市邛崃市	民国《邛崃县志》卷二
441	四川	南华宫	成都市大邑县	民国《大邑县志》卷五
442	四川	南华宫	阿坝藏族羌族自治州茂县	道光《茂州志》卷二
443	四川	南华宫	阿坝藏族羌族自治州茂县	
444	四川	南华宫	泸州市叙永县	嘉庆《直隶叙永厅志》卷二七 民国《古宋县志初稿》卷三
445	四川	南华宫	泸州市叙永县	
446	四川	南华宫	泸州市叙永县	
447	四川	南华宫	达州市万源市	民国《万源县志》卷二
448	四川	六祖庙	泸州市纳溪区	嘉庆《纳溪县志》卷二
449	四川	天后宫	德阳市中江县	道光《中江县新志》卷二
450	四川	龙母宫	巴中市巴州区	道光《巴州志》卷二

续表

编号	省区市	名称	所在地	资料来源
451	四川	龙母宫	达州市万源市	民国《万源县志》卷二
452	四川	龙母宫	达州市渠县	同治《渠县志》卷一七
453	四川	龙母宫	达州市宣汉县	光绪《东乡县志》卷一〇
454	四川	东粤宫	达州市大竹县	民国《续修大竹县志》卷三
455	四川	粤东庙	凉山彝族自治州冕宁县	乾隆《冕宁县志》卷五
456	四川	广圣宫	南充市营山县	同治《营山县志》卷六
457	四川	南华庙	内江市东兴区	光绪《内江县志》卷一
458	重庆	南华宫	合川区	民国《重修合川县志》卷三五
459	重庆	南华宫	巴南区	民国《巴县志》卷五
460	重庆	南华宫	江津区	光绪《江津县志》卷二
461	重庆	南华宫	长寿区	民国《长寿县志》卷三
462	重庆	南华宫	永川区	光绪《永川县志》卷二
463	重庆	南华宫	荣昌区	光绪《荣昌县志》卷五
464	重庆	南华宫	綦江区	道光《綦江县志》卷九
465	重庆	南华宫	綦江区	
466	重庆	南华宫	南川区	民国《南川县志》卷五
467	重庆	南华宫	铜梁区	光绪《铜梁县志》卷二
468	重庆	南华宫	大足区	民国《大足县志》卷二
469	重庆	南华宫	大足区	
470	重庆	南华宫	大足区	
471	重庆	南华宫	大足区	

编号	省区市	名称	所在地	资料来源
472	重庆	南华宫	大足区	民国《大足县志》卷二
473	重庆	南华宫	大足区	
474	重庆	南华宫	大足区	
475	重庆	南华宫	大足区	
476	重庆	南华宫	璧山区	同治《璧山县志》卷二
477	重庆	南华宫	璧山区	
478	重庆	南华宫	云阳县	民国《云阳县志》卷二一
479	重庆	南华宫	万州区	嘉庆《万县志》卷七
480	重庆	南华宫	巫溪县	光绪《大宁县志》城图
481	重庆	南华宫	酉阳土家族苗族自治县	同治《酉阳直隶州总志》卷九
482	重庆	南华宫	彭水苗族土家族自治县	光绪《彭水县志》卷二
483	重庆	南华宫		同治《酉阳直隶州总志》卷九
484	重庆	南华宫	垫江县	光绪《垫江县志》卷五
485	重庆	南华宫	梁平区	光绪《梁山县志》卷三
486	重庆	元天宫	梁平区	光绪《梁山县志》卷三
487	北京	粤东会馆	西城区	《广东会馆论稿》第41～44页《王灿炽史志论文集》第384～387页
488	北京	粤东新馆	西城区	
489	北京	惠州会馆	西城区	
490	北京	惠州新馆	西城区	
491	北京	肇庆会馆	西城区	
492	北京	肇庆西馆	西城区	

续表

编号	省区市	名称	所在地	资料来源
493	北京	平镇会馆	西城区	
494	北京	广州七邑会馆	西城区	
495	北京	番禺会馆	西城区	
496	北京	番禺新馆	西城区	
497	北京	嘉应会馆	西城区	
498	北京	东莞会馆	西城区	
499	北京	东莞会馆	西城区	
500	北京	东莞新馆	西城区	
501	北京	韶州新馆	西城区	
502	北京	潮州会馆	西城区	
503	北京	潮州会馆	西城区	《广东会馆论稿》第 41～44 页
504	北京	潮州会馆	西城区	《王灿炽史志论文集》第 384～387 页
505	北京	潮郡会馆	东城区	
506	北京	潮州会馆	西城区	
507	北京	兴宁会馆	西城区	
508	北京	高州会馆	西城区	
509	北京	高州会馆	西城区	
510	北京	香山会馆	西城区	
511	北京	新会会馆	西城区	
512	北京	新会会馆	西城区	
513	北京	仙城会馆	西城区	

续表

编号	省区市	名称	所在地	资料来源
514	北京	广州会馆	东城区	
515	北京	广州会馆	西城区	
516	北京	协中会馆	西城区	
517	北京	高郡会馆	西城区	
518	北京	廉州会馆	西城区	
519	北京	韶州会馆	东城区	
520	北京	琼州会馆	西城区	
521	北京	蕉岭会馆	西城区	《广东会馆论稿》第41～44页
522	北京	南海会馆	西城区	《王灿炽史志论文集》第384～387页
523	北京	雷阳会馆	西城区	
524	北京	顺德会馆	西城区	
525	北京	顺德西馆	西城区	
526	北京	顺德南馆	西城区	
527	北京	顺德新馆	西城区	
528	北京	三水会馆	西城区	
529	北京	南雄会馆	东城区	
530	天津	闽粤会馆	红桥区	《天津商会档案汇编》第2册，第2100页
531	天津	广东会馆	南开区	民国《天津志略》会社篇
532	天津	潮州会馆	红桥区	
533	上海	潮州会馆	黄浦区	《上海碑刻资料选辑》第507页
534	上海	潮州会馆	黄浦区	《上海研究资料续集》第145页

续表

编号	省区市	名称	所在地	资料来源
535	上海	揭普丰会馆	黄浦区	《上海碑刻资料选辑》第 509 页
536	上海	潮惠公所	黄浦区	
537	上海	广肇公所	黄浦区	《上海碑刻资料选辑》第 511 页
538	上海	南海会馆	虹口区	民国《宝山县续志》卷十六《第宅》
539	上海	嘉应公所	黄浦区	《上海近代史》（上）第 102 页
540	上海	大埔会馆	黄浦区	《上海指南》
541	上海	番邑禺山堂	黄浦区	
542	上海	顺德邑馆	黄浦区	《近代上海城市研究》第 518 页
543	上海	潮州会馆	虹口区	民国《宝山县续志》卷十六《会馆》
544	江苏	岭南会馆	苏州市姑苏区	《桐桥倚棹录》卷六《会馆》第 97 页
545	江苏	宝安会馆	苏州市姑苏区	
546	江苏	冈州会馆	苏州市姑苏区	
547	江苏	嘉应会馆	苏州市姑苏区	
548	江苏	潮州会馆	苏州市姑苏区	
549	江苏	两广会馆	苏州市姑苏区	
550	江苏	仙城会馆	苏州市姑苏区	
551	江苏	两广会馆	镇江市	《中国工商行会史料集》（下册）附录《中国工商业行会简表》
552	江苏	广肇公所	镇江市	《明清江南商业的发展》第 249 页
553	江苏	两广会馆	南京市	《中国工商行会史料集》（下册）第 197 页
554	江苏	岭南会馆	扬州市	光绪《江都县续志》卷一二《建置志下》

编号	省区市	名称	所在地	资料来源
555	江苏	潮惠会馆	南通市	《潮学研究》第6辑 《1933—1934年的潮州旅沪同乡会》
556	辽宁	广州公所	营口市	《中国工商行会史料集》（下册） 第626页
557	山东	广东会馆	青岛市	
558	山东	广东会馆	烟台市	《东岳论丛》1986年第2期 《近代山东的商人组织》
559	山东	潮州会馆	烟台市	
560	河南	两广会馆	开封市	《明清河南集市庙会会馆》第207页
561	山西	广东会馆	大同市	《支那省别全志》第17卷
562	陕西	广东义园	西安市	《中国会馆史论》第55页
563	甘肃	广东会馆	兰州市皋兰县	光绪《重修皋兰县志》 卷一二《经政上》
564	湖北	岭南会馆	武汉市	
565	湖北	韩江别墅	武汉市	
566	湖北	广货公所	武汉市	民国《夏口县志》卷五 《建置志·各会馆公所》
567	湖北	潮嘉会馆	武汉市	
568	湖北	香山会馆	武汉市	
569	湖北	南华官	恩施土家族苗族 自治州来凤县	《中国会馆史论》第74页
570	湖南	岭南会馆	湘潭市	光绪《湘潭县志》卷七《礼典》
571	湖南	粤东会馆	长沙市善化县	光绪《善化县志》卷三〇 《祠庙·会馆》
572	湖南	穗都会馆	长沙市善化县	

续表

编号	省区市	名称	所在地	资料来源
573	湖南	广东会馆	株洲市醴陵市	民国《醴陵县志》卷一《建置志·公所》同治《醴陵县志》卷二《建置》
574	湖南	广东会馆	株洲市醴陵市	
575	湖南	广东会馆	株洲市醴陵市	
576	湖南	广东会馆	株洲市醴陵市	
577	湖南	广东会馆	常德市	嘉庆《常德府志》卷八《建置考》
578	湖南	广东馆	常德市	光绪《龙阳县志》卷六《建置·公舍》
579	湖南	南华官	常德市澧县	同治《直隶澧州志》卷二《舆地志·城市街巷》
580	湖南	南华官	衡阳市	同治《鄞县志》卷五《营建志·祠庙》
581	湖南	南华官	衡阳市	
582	湖南	广东会馆	郴州市汝城县	民国《汝城县志》卷一八《政典志·实业》
583	安徽	广东会馆	芜湖市	《中国工商行会史料集》（下册）第633页，第751页
584	安徽	潮州会馆	芜湖市	民国《芜湖县志》卷一三《建置志》
585	安徽	广东会馆	安庆市怀宁县	民国《怀宁县志》卷四
586	江西	广东会馆	九江市	《中国工商行会史料集》（下册）第633页
587	江西	岭南会馆	九江市	同治《德化县志》卷一三《建置·寺观》
588	江西	广东会馆	九江市永修县	《江西内河航运史》第99页
589	江西	潮州会馆	九江市永修县	
590	江西	南华官	吉安市	《吉安市的传统交通与商贸经济》

续表

编号	省区市	名称	所在地	资料来源
591	江西	广东会馆	南昌市	《清末以来会馆的地理分布——以东亚同文书院调查资料为依据》；《中国历史地理论丛》2003 年第 3 期
592	江西	广东会馆	景德镇市	
593	江西	广东会馆	赣州市	《清末以来会馆的地理分布——以东亚同文书院调查资料为依据》；《中国历史地理论丛》2003 年第 3 期
594	江西	广东会馆	赣州市瑞金市	
595	江西	广东会馆	赣州市会昌县	
596	江西	广东会馆	赣州市大余县	
597	浙江	两广会馆	杭州市	《明清江南商业的发展》第 303 页
598	浙江	闽广会馆	宁波市象山县	民国《象山县志》卷一五《典礼考·群祀》
599	浙江	岭南会馆	宁波市	《中华帝国晚期的城市》第 495~496 页
600	福建	广东会馆	福州市	《海关十年报告（1882—1891）》第一期，第二期
601	福建	两广会馆	福州市	
602	福建	广东会馆	厦门市	《中国工商行会史料集》（下册）第 637 页
603	福建	广东会馆	龙岩市长汀县	《长汀城关传统社会研究》第 194 页
604	福建	潮州会馆	龙岩市长汀县	
605	福建	潮州会馆	龙岩市长汀县	
606	云南	两广会馆	红河哈尼族彝族自治州蒙自市	《中国工商行会史料集》（下册）第 653 页
607	云南	两广会馆	昆明市	《中国会馆史论》第 52 页
608	贵州	两广会馆	贵阳市	《贵阳掌故·会馆帮会》第 179 页
609	贵州	南华宫	黔西南布依族苗族自治州兴义市	《中国会馆志》第 423～424 页

附录二　中国现存广东会馆总表 [①]

编号	会馆名称	具体位置	概　述	图　片
01	百色粤东会馆	广西壮族自治区百色市右江区解放街39号	初建于康熙五十九年（1720年），为标准的三路三进式布局。是全国重点文物保护单位，也是中国工农红军第七军军部旧址	
02	百色灵洲会馆	广西壮族自治区百色市右江区解放街6号	始建于乾隆五十六年（公元1791年），清光绪二年（公元1876年）重修，是广东新会商人捐资兴建，占地860平方米。为广西壮族自治区文物保护单位	
03	梧州龙圩粤东会馆	广西壮族自治区梧州市龙圩区龙圩镇忠义街	初建于康熙五十三年（1714年），于乾隆五十三年（1788年）进行了重建。整体布局只有一路，共三进建筑。为广西壮族自治区文物保护单位	
04	百色田阳粤东会馆	广西壮族自治区百色市田阳区田州镇隆平村南华糖业公司内	于1983年文物普查时被发现，建于清代。坐东北向西南，二进穿廊庭院式砖木结构建筑，占地面积近550平方米，为广西壮族自治区文物保护单位	

---

① 此表不含我国港澳台地区会馆相关内容。

编号	会馆名称	具体位置	概　述	图　片
05	贵港大安粤东会馆	广西壮族自治区贵港市平南县大安镇正街上部	初建于乾隆五十八年（1793 年），道光二年（1822 年）迁建于此。为广西壮族自治区文物保护单位	
06	贺州英家粤东会馆	广西壮族自治区贺州市钟山县英家镇英家街	初建于乾隆四十二年（1777 年），民国时期曾被用作粮仓，现作为英家起义地址纪念馆，为广西壮族自治区文物保护单位	
07	钦州广州会馆	广西壮族自治区钦州市钦南区中山路 24 号	初建于乾隆四十八年（1783 年），占地面积 1 180 平方米，为广西壮族自治区文物保护单位	
08	南宁粤东会馆	广西壮族自治区南宁市西乡塘区壮志路 22 号	始建于清朝乾隆初年，原建筑由三进建筑组成，现仅存第一进头门。为南宁市文物保护单位	
09	玉林粤东会馆	广西壮族自治区玉林市玉州区大北路 32 号大北小学内	初建于明代，原址在玉林城别处，乾隆六十年（1795 年）迁建至此，又在光绪四年（1878 年）进行了扩建。目前为大北小学的头门建筑，为玉林市文物保护单位	

续表

编号	会馆名称	具体位置	概 述	图 片
10	贺州贺街粤东会馆	广西壮族自治区贺州市八步区贺街镇河东街	始建年代已无从考证,道光二年(1822年)重建。为贺州市文物保护单位	
11	玉林北流粤东会馆	广西壮族自治区玉林市北流市永安路1里4号城南小学旁	始建于乾隆二十年(1755年),同治七年(1868年)由粤商修复。现仅存两进建筑,占地面积640平方米。为北流市文物保护单位(县级)	
12	桂林平乐粤东会馆	广西壮族自治区桂林市平乐县平乐镇大街278号	始建于清顺治十四年(1657年),康熙三十六年(1697年)建成,总建筑面积496平方米。为平乐县文物保护单位	
13	柳州中渡粤东会馆	广西壮族自治区柳州市鹿寨县中渡镇	建于清末,开始为粤商所建,后又曾作为纪念孔子的文庙,现仅存一进建筑	
14	贵港覃塘粤东会馆	广西壮族自治区贵港市覃塘区中街与北街交叉路口	初建于嘉庆十七年(1812年),原身是粤东书院,后改建为会馆。现仅存一进,建筑雕塑装饰较少,形制简单。今属覃塘区老年协会管理使用	

续表

编号	会馆名称	具体位置	概 述	图 片
15	贵港粤东会馆	广西壮族自治区贵港市东津圩左岸	始建年代已无法考证，现存建筑为两进纵深约为 13 米的建筑，原有的会馆前庭已拆除，后经过改装修建，现为东津乡粮所管理下的东津细米输出站	
16	广州锦纶会馆	广东省广州市荔湾区康王南路 289 号	原是广州丝织行业股东公会，始建于雍正元年（1723 年），是广州唯一幸存的行业会馆。现已改造成为广州丝织行业博物馆。为广东省文物保护单位	
17	梅州兴宁两海会馆	广东省梅州市兴宁市兴城神光路 5 号	又称潮州会馆，始建于嘉庆十一年(1806 年)，占地面积 1 189 平方米，建筑面积约 738 平方米，为二进式建筑，由当时来兴宁经商的潮汕商人捐资兴建。为广东省文物保护单位	
18	广州潮州八邑会馆	广东省广州市越秀区长堤大马路 348 号真光学校内	创建于清同治十年（1871 年）。现仅存中厅和礼亭。为广州市文物保护单位	

编号	会馆名称	具体位置	概述	图片
19	韶关乐昌广同会馆	广东省韶关市乐昌市老坪石下街	始建年代失考，于道光二十七年（1847年）重修，1981年会馆失火，馆内文物古迹焚毁殆尽，仅存第一进头门	
20	韶关南雄广州会馆	广东省韶关市南雄市青云东路123号	在明代中叶初建后，于乾隆年间进行了重建。再到光绪年间，又经历了四次修缮。民国时期作为广仁小学使用。为广东省文物保护单位	
21	清远英德广州会馆	广东省清远市英德市浛洸镇沿江路河边街	创建于同治二年（1863年），1984年浛洸镇文化站迁移至此，现为浛洸镇博物馆。为英德市文物保护单位（县级）	
22	韶关仁化广州会馆	广东省韶关市仁化县长江镇东风街12号	始建于光绪乙酉年（1885年），建筑面积600多平方米，二进式布局，为仁化县文物保护单位	
23	湛江徐闻广州会馆	广东省湛江市徐闻县徐城镇民主路43号	初建于乾隆五十二年（1787年），为广东省文物保护单位	

编号	会馆名称	具体位置	概　述	图　片
24	深圳东莞会馆	广东省深圳市南山区南头古城	始建于同治七年（1868年），重建于光绪三十三年（1907年）。2005年，南山区政府斥资重修。为深圳市文物保护单位	
25	成都洛带南华宫	四川省成都市龙泉驿区洛带古镇下街	初建于乾隆十一年（1746年）。目前各部分建筑保存较好。包括南华宫在内的洛带古镇会馆群，都被列入了国家重点文物保护单位	
26	成都土桥南华宫	四川省成都市金堂县土桥镇	始建于乾隆二十一年（1756年），现为镇政府办公地，为四川省文物保护单位	
27	德阳师古南华宫	四川省德阳市什邡市师古镇回龙街	修建于1811年，现仅存戏楼和两侧厢房。保留了川西地区清代戏楼的建筑风格，具有重要的历史价值。为四川省文物保护单位	
28	绵阳刘营广东馆	四川省绵阳市三台县刘营镇正街中段107号	建于咸丰年间，占地面积2 300余平方米，由多重四合院组成，主体为砖木结构。为四川省文物保护单位	

续表

编号	会馆名称	具体位置	概　述	图　片
29	内江资中南华宫	四川省内江市资中县县委党校内	道光十七年（1837年），州牧舒翼改置凤鸣书院，民国时先后更设为粤东小学、岭南中学。为四川省文物保护单位	
30	自贡贡井南华宫	四川省自贡市贡井区南华巷6号	建于光绪二十五年（1899年），占地面积3 000平方米。为四川省文物保护单位	
31	内江铁佛南华宫	四川省内江市资中县铁佛镇下街	始建于乾隆五十三年（1788年），占地面积1 980平方米，建筑面积918平方米，为内江市文物保护单位	
32	自贡沿滩南华宫	四川省自贡市沿滩区南和村	建于光绪十七年（1891年），坐东向西，呈四合院式布局，砖木结构，建筑面积1 000多平方米。为沿滩区文物保护单位	
33	自贡仙市南华宫	四川省自贡市沿滩区仙市古镇	始建于咸丰六年（1856年），现已改建为金桥寺	

编号	会馆名称	具体位置	概　述	图　片
34	自贡大山铺南华官	四川省自贡市大安区大山铺镇	建于同治十年（1871年），坐北向南，四合院布局，砖木结构，四周为砖墙，总建筑面积1 400多平方米	
35	宜宾李庄南华宫	四川省宜宾市翠屏区李庄镇滨江路	始建于乾隆年间，光绪二十二年（1896年）重建。占地面积2 250平方米，现保存基本完整	
36	重庆湖广会馆广东公所	重庆市渝中区东水门正街4号	重庆湖广会馆是禹王宫、广东公所、齐安公所等建筑群的统称。广东公所始建于康熙年间，院内以戏楼为中心，是整个会馆建筑群中最大的戏台。湖广会馆整体是全国重点文物保护单位	
37	重庆江津南华宫	重庆市江津区仁沱镇	清中期而建，整个建筑为四合院布局，占地约2 000平方米。为重庆市文物保护单位	

续表

编号	会馆名称	具体位置	概　述	图　片
38	重庆綦江南华官	重庆市綦江县东溪镇	始建于乾隆元年（1736年），坐东向西，四合院布局，木结构建筑，占地800平方米，建筑面积440平方米	
39	天津广东会馆	天津市南开区城厢中路1号	现为天津市戏剧博物馆，是全国重点文物保护单位，于2017年入选第二批中国20世纪建筑遗产名单	
40	北京粤东会馆	北京市东城区西打磨厂街	建于明末清初，是典型的三进三出的院落，有二道门、影壁、集资建馆的石碑	
41	镇江广肇公所	江苏省镇江市润州区伯先路88号	坐东朝西，占地近600平方米，现址是光绪三十三年（1907年）重建。为江苏省文物保护单位	

续表

编号	会馆名称	具体位置	概 述	图 片
42	苏州潮州会馆	江苏省苏州市姑苏区上塘街258号	康熙二十一年（1682年），潮州旅苏商人集资创建，初址在阊门外的北濠弄。后在康熙四十九年（1710年），迁至现址。为苏州市文物保护单位	
43	苏州嘉应会馆	江苏省苏州市姑苏区枣市街9号	创建于嘉庆十四年（1809年），系广东嘉应州（今梅州市）所属兴宁、平远等五县城乡商贾集资建造。为苏州市文物保护单位	
44	赣州广东会馆	江西省赣州市章贡区西津路7-5号	建于同治五年（1866年），这座会馆还是革命纪念地，1926年11月，赣州工人第一次代表大会在这里召开。为赣州市文物保护单位